46亿年的时空穿越

云南地质之旅
YUNNAN GEOIOGY TOUR

费宣 著　　李传志 绘

云南出版集团公司
云南科技出版社
·昆　明·

图书在版编目（ＣＩＰ）数据

云南地质之旅／费宣，李传志著．－－昆明：云南
科技出版社，2016.9
ISBN 978-7-5587-0096-5

Ⅰ.①云… Ⅱ.①费… ②李… Ⅲ.①区域地质—云
南 Ⅳ.①P562.74

中国版本图书馆CIP数据核字(2016)第226630号

责任编辑：温　翔
　　　　　赵　敏
　　　　　章　沁
版式设计：晓　晴
责任印制：翟　苑
责任校对：叶水金

云南出版集团公司
云南科技出版社出版发行
（昆明市环城西路609号云南新闻出版大楼　邮政编码：650034）
昆明富新春彩色印务有限公司印刷　全国新华书店经销
开本：787mm×1092mm　1/16　印张：17.25　字数：350千字
2016年9月第1版　　2016年9月第1次印刷
印数：1～15000册　　定价：58.00元

微行星

3. 在共同引力作用下产生的吸冷积过程中，在第二轨道的微行星积累形成原行星初始地球。

吸冷积

2. 温度的进一步降低形成同心圆状的物质。固体聚集形成碎块，碎块形成微行星。

原始星云

1. 由一个恒星的灭亡而产生的无固定形状气体，浓缩形成原始星云。该星云中心将形成一个外围包着旋转的尘状物质的、新的燃烧的星体——未来的太阳系。

初始地球

4. 由于原始地球是其轨道上的最大块体，在其引力作用下，吸引较小块体撞击地球表面，使体积、重量和引力不断增加。

± 23.5°

地球的形成

7. 随着地球表面冷却，开始形成岩石圈，大陆首次出现。水蒸气浓缩形成海洋、内部物质分异形成固态内核。

"月球补货"理论

5. 曾经有一个类似星大小的天体撞击地球，这次撞击导致地球熔化，由此喷出的气态物质凝缩形成月球。

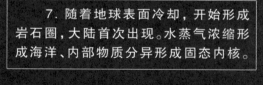

6. 这次撞击不但导致地球旋转轴倾斜和摆动，还增大了地球围绕太阳的椭圆形轨道的偏心率，这些因素还决定春夏秋冬四季的长短及温度。

出版说明

　　地质学是一门综合的学科，它涉及天体学、矿物学、地层学、岩石学、海洋学、冰川学、古生物学、物理学、化学、勘探学、测量学、水文学等，既有理论上的综合性，又有应用上的实践性。地质工作者必须跋山涉水、风餐露宿，用自己的双脚去丈量大地，用知识和智慧去寻找宝藏。而在云南这块土地上，对于我们人类活动的文明史、文化史、艺术史、宗教史、民族史等等，我们都不陌生；对于云南的地形、气候、物种、产出也多有了解；对自然、宇宙、天体、岩石也会知道一些；但是，对于我们赖以生存的家乡土地的漫长历史，了解的人就非常有限了。显然，这是一个有趣的问题。而问题的答案，只有用地球发展史的知识，到地质科学中去寻找。

　　云南省资深地矿工作者费宣老师很早就产生了这样的想法。他有几十年野外地质工作的深厚积累和思考，作为老一辈的地质工作者，费宣老师具有认真严谨的工作作风和求真务实的工作态度。近些年，结合在世界许多地方进行的科学探险、考察、户外活动，费宣老师收集了大量的野外资料、拍摄了大量的地质图片；在写作的过程中，又重新学习了过去的教材，查阅了大量的资料；还到实地重新考察、收集地质资料，和过

去的老同事、老专家进行了多次讨论。经过近三年的时间，克服了资料不足、缺乏参考的诸多困难，终于完成了我国第一本专门介绍云南地质历史的图书——《46亿年的时空穿越——云南地质之旅》的写作。这是一项开创性的工作，填补了云南地质历史专题介绍上的空白。书稿完成后，费宣老师又进行了反复的修改和完善，并经云南省地勘局、云南省地质学会、云南省地质科研所有关专家的审定，力图尽可能地将地球诞生46亿年以来，在云南这块土地上所发生的地质历史现象介绍给大家，让大家了解到地球出生、成长、演化的基本过程，以及在这个过程中，植物、动物是怎样演化的，矿物是怎样形成的，山川大地是怎样变化的……我们可爱的家乡云南，我们脚下的土地为什么会是现在的样子，将来可能会怎样发展，等等。

《46亿年的时空穿越——云南地质之旅》一书邀请了国内小有名气的漫画家李传志（外号杂师）为全书绘制了精美的插图。李传志老师绘画时查阅和参考了大量地质方面的书籍，每一笔每一划都力求科学、准确地诠释书中的内容并让读者留下广阔的思考空间。场景方面的绘画全部根据费宣老师拍摄的野外照片绘制。李传志老师轻松、幽默且栩栩如生的插画，为这本科普书增添了无尽的趣味。费宣老师的文与李传志老师的图的完美结合，使本书成为我国第一部手绘地质科普读物的同时，也使本书成为一本十分具有收藏价值的经典之作。

尽管书中可能存在不足，但作者进行的大胆创新和探索，会给读者留下难以忘怀的印迹。作者希望通过这本小书，让更多的人了解我们脚下的土地，更加热爱我们的家园。了解过去的目的，是为了更加珍惜现在，更加憧憬未来……

费宣

　　费宣，地矿经济研究员、中国地质学会理事、加拿大—美国国家地质学会会员、云南省东南亚南亚经贸合作发展联合会副主席。

　　先后毕业于昆明地质学校、中国地质大学、云南大学研究生院。1969年起在云南野外地质队工作；1985年任云南省地矿厅副厅长；期间，在澳大利亚从事过地质找矿工作。1997年，受命创建云南省开发投资公司。2007年初，主动辞去领导职务，加入户外探险和科学考察活动。

　　2008年，又受命担任云南省政协经济委员会副主任。

　　多年来，在全国、地方和行业报刊上发表过关于地矿经济体制改革、投融资体制改革和国有企业改革和管理的文章近百篇。

　　2008年起，和云南省著名探险家金飞豹，共同完成了"2008——中国人首次穿越北极格陵兰岛冰盖探险活动" "2009——中国人首次穿越非洲撒哈拉沙漠探险考察活动" "寻访百年滇越铁路 穿越千里见证历史——2009中国人徒步全程考察滇越铁路活动" "东盟之行，富滇之举——2011自行车骑行东南亚七国友谊信使活动"。2013年，完成了"昆明联宝岛 骑行创未来——自行车环岛台湾骑行活动"。

2010年，成为当时登上5396米海拔云南香格里拉哈巴雪山年龄最大的中国人，同年，攀登了6200米的雀儿山。

2012年，徒步穿越云南怒江、澜沧江、金沙江"三江"并流区，进行地质科学考察；同时参加了一些登山、户外活动。

2012年12月被中国登山协会评为"全国登山健身明星"。

2014年4月成为徒步到达北极点年龄最大的中国人，并把东南亚友好国家的国旗展现在北纬90度。

2014年10月在安徽黄山的"第一届中国户外评奖大会"上，被国家体育总局授予"最佳探索奖"。

2015年6～8月和金飞豹组织骑行团队，完成了从东到西骑自行车横穿美国的"探寻开拓奋发之路·传播中美合作友谊——2015年中国人自行车骑行横跨美国交流活动"，把昆明市市长的友谊信件，送到了沿途8个美国城市市长的手中。

2016年5月参加巴西里约热内卢的奥运会国际马拉松邀请赛，完成了个人的第一个半程国际马拉松长跑。

2016年7月登上海拔7546米的新疆慕士塔格峰，成为登上这座冰山年龄最大的中国人。

出版了《探险格陵兰》；完成了《格陵兰岛地质矿产简况》的论文；《探险格陵兰》一书的德文版于2013年8月在欧洲发行。

2013年写完了《46亿年的时空穿越——云南地质之旅》。

李传志

大名:李传志；正视面貌：马脸；年龄：断奶半世纪；

工作履历：编过报纸、杂志，当过电视节目主持人、小公司老板大公司大勇；

现在工作：靠画画、码字供报纸杂志专栏和出书之用，捏泥巴刻木头熬银子做物件卖换米钱，为发不了财天旱洪涝也饿不死的手艺人一枚。

现任香港天金传义创艺有限公司艺术总监

云南动漫协会理事

云南家具协会专家组成员

念　想

　　朋友老酒一日相约，说是和飞豹兄一块儿喝酒。N年前在14航空队酒吧和豹兄有一面之缘，也想再叙叙，于是高兴地赴约。

　　10多人在座，除豹兄外还有豹嫂、彪兄等，在座有一位宽额笑目的老大哥是第一次见，豹兄介绍：这位是费宣老师、老地质专家，曾和豹兄一起经历过各种对我来说听听都腿肚子打转的探险。

　　一说他是地质专家，就逗起了我心里一个久远的小梦想——将近二十年前，忘了从什么地方淘得一本半厘米厚的小册子——《滇池地区地质概览》，很老的一本书了，连画恐龙的尾巴，都还是那种拖在地下、像蛇一样蜿蜒的形制，但对滇池地区地质的大体形成、变迁也叙述了个大概。看完那薄薄的小册子，心里就有了个念想：何不把这基本是文字的小书，用连环漫画的形式画出来，既科普又有了趣味。还说干就干了。不过，那时是金钱机会的诱惑冲击着每一个人的90年代末，要出本这样的书，基本没什么市场。连着咨询了几个出版社的朋友，他们都像看个史前动物一样地看着在生意场上逛荡、还有点小样子的我，被他们一通踩踏之后，只画了个开头，我就很"识时务"地收了手，继续去画那些能挣钱的包装盒、效果图去也，只在心里隐下了这个念想。

老天爷让我在这个合适的节点上，认识了费宣老师。

觥筹中，我请教了很多自己不甚明了的问题，知道了云南最古老的岩石不是那本小书里写的红砂岩，知道了不是拿着镐头就能在筇竹寺后山挖到三叶虫化石等等等等，于是冒出一个想法，就和费老师说了：因为我当时在几个报纸杂志上，都有些专栏，不如把这些好玩的知识，写成不长的连载小段子，我来配画，登载出来，爱看的人一定不少！豹兄觉得这是好事，很是鼓励。费老师也欣然答应。

但由于各种五斗米一类的杂事，以及眼前利益和远大目标之间的纠结等等，造成了这场马拉松式的创作过程。有一次我老老实实地给费老师"交代"了我的整体性困窘，很感激费老师，他没催我，而是很理解地给我一大堆实实在在的鼓励和点拨。其实人心就是冰和水，想不通的时候是冰，但凡有些温暖，融冰成水，就有了流动的柔软和活力，终于，有一天我发现自己已经在画最后一张插图了……

多少日夜，两百多张，八九公分厚的一沓手绘稿，交织着学了新东西的快乐、创作的愉悦以及一点点没能画得更好些的遗憾，终于脱稿了。

实现了自己那个小念想，很快乐……

2016年8月于自醉居

金飞豹

金飞豹，著名探险家，昆明城市精神形象代表，七彩云南·全民健身形象大使，国内多所大学的客座教授，是世界上第一个完成攀登七大洲最高峰后又跑完了七大洲极限马拉松的探险家。从2008年开始，金飞豹又与地质专家费宣一起行走世界，共同完成了许多科学探险、考察活动。1996年成为联合国环境署授旗的第一位中国环保宣传使者。

在实现了人生的高度与速度的梦想后，金飞豹著有"豹走天涯"系列丛书：《梦想启程》《极限挑战》《巅峰见证》《绝地撒哈拉》《1945美国老兵 昆明印象》，也是多家旅行杂志的特邀撰稿人……

为了实现人生的奔跑梦想，金飞豹计划在自己60岁生日前完成世界各地100场马拉松的比赛，为自己颁发一个"百马王子"的奖杯……

多年的行走让金飞豹感悟到：没有比心更高的山，没有比脚更远的路……

序言

2016年7月11日，我收到来自新疆的消息：我的良师益友，云南著名地矿专家费宣成功登顶海拔7546米的慕士塔格峰。

67岁的费宣用自己的身体丈量了人生的高度，同时也刷新了中国人攀登慕士塔格年龄最大的纪录。以这样的高龄攀登上这样的高度，费宣再次刷新了自己人生下半场的新高度！7546米的高度并不是费宣的终极目标，还有更高的山峰在召唤他，将来谁能刷新他现在的纪录我不得而知，但现在只有他自己能够刷新自己创立的中国纪录。

临近登山出发之际，费宣提出让我为他的新作《云南地质之旅》撰写序言，这对我来说是件意义非凡的事。费宣与我创造过许多中国人探险的新纪录：2008年6月穿越格陵兰、2009年穿越撒哈拉沙漠、2010年徒步考察百年滇越铁路、2011年骑自行车纵贯东南亚六国、2013年徒步考察三江并流核心区、2015年骑自行车横穿美国。2014年4月，费宣作为唯一的中国队员参加了北极国际探险活动，在65岁徒步到达北极点，成为徒步到达北极点年龄最大的中国人。在与费宣多次的探险经历中，我被他追逐梦想的精神所打动，他既是我的良师益友，也是我的探险伙伴。

费宣不同于我们所见到这个年纪的绝大多数中国人。在我国，67岁这个年龄，绝大多数人都已步入老年人的状态，含饴弄孙、安享晚年。费宣与我穿越撒哈拉沙漠时，我有幸见证了他的60大寿。那天，我们身处茫茫沙漠，没有红酒和生日蛋糕，他当时感慨地说道："60岁是我人生下半场的开始，我要去追寻我的梦想……"

60岁以后的费宣，身体并不像年轻人那样强壮，因为心血管的阻塞还安装了2个支架。安装支架以后，主治医生曾郑重其事地告诫他今后不能再从事探险运动了，要按时吃药。但是费宣那颗驿动的心是不会被支架所阻碍的。因为有梦想，费宣在我的鼓励和支持下，2010年4月登上了海拔5396米的云南哈巴雪山，成为当时登上哈巴雪山年龄最大的中国人，那次登顶让费宣看到了自己年轻时的梦想是可以实现的，紧接着在同年8月，他跟随我登上了海拔6200米的四川雀儿山。连续两次成功攀登，让费宣的梦想得以升华，特别是他成功登顶慕士塔格，对我来说并无悬念，属于意料之中，他是有这个能力的。

学识广博的费宣，运用自己的专业知识和早期在地质队工作的经验，多年以来，为云南地矿事业做出了突出贡献。1993年，费宣主持参与了中国在西澳大利亚的金矿勘探和开发，顺利完成了国家第一个海外矿权开发、转让项目，当时费宣用五万美元的勘探成本获得了150万美元的转让收益，为国家创造了可观的外汇收入；1996年，在老挝万象平原，费宣主持中国地矿专业团队，成功地勘探并开发了世界储量最大的钾盐矿床；费宣在户外探险时总是随身携带地质"三宝"——罗盘、放大镜和地质锤。2009年6月我们徒步穿越撒哈拉沙漠时，费宣凭借自己丰富的地矿专业知识，发现了4个矿产地，其中有2个露天金矿、一个铀矿和一个黑云母矿，探险结束时他把这些矿产地的GPS坐标、矿石标本和矿产露头的情况无偿提供给了中国的海外地矿机构，其中有的地区已和中国海外地矿机构签订了合作勘探开发合约，并获得了可喜的开发成果。2015年5月我们骑行横穿美国，费宣在新墨西哥州和亚利桑那州交界处发现一处未开发的煤矿，根据当地的地质状况分析，他判断这里可能潜藏着一个储量丰富的煤矿，于是引来了很多投资人的追捧。

曾经担任过正厅级领导职务的费宣不是一个满嘴"跑火车"的官僚，而是一位充满情怀的学者。他博览群书，知识渊博，鼓励学习，善于从各个领域、各个方面充实知识，他曾经自费印刷了几千册《金刚经》，赠送给单位职工和有关领导，这个行动曾经引起过一些人的非议……

费宣一直以来都把自己追寻梦想的经历分享给更多的年轻人，也希望把自己几十年来积累的地质知识分享给普罗大众。他撰写的这本《46亿年的时空穿越——云南地质之旅》，用生动有趣的文字为读者展现了云南地质的生命历程，枯燥乏味的地质知识被他诠释得趣味盎然、引人入胜。当我翻阅书稿的时候，被这些精彩的文字深深吸引，不忍释卷，才发现原来云南有这么丰富的地质现象。身为云南人，应该了解我们脚下的这块土地，只有知道他的来由、演变、过去是怎样、现在为什么是这样，才能更加热爱自己的家乡。

此外，著名手绘师李传志的加盟，为本书增添了很大的亮点。李老师绘画技艺娴熟，画风生动有趣，视觉表达精准，两百多幅手绘图完美解读了作者所要传达的地质知识。即使是一位外地朋友，阅读这本有趣的图书，也会被书中精彩的内容所吸引。这不是一本乏味的教科书，也不是一本简单的童话故事，它是一本生动的科普知识读物，也是国内的第一本手绘地质科普读物。完成这本书以后，费宣和李传志还想把他们的笔，描向青藏高原、描向华夏大地、描向欧亚板块、描向澳洲地盾、描向南北美洲、描向非洲大陆……让更多的人，通过绘本的形式，知道更多的地质知识、了解自己脚下的土地、了解我们这颗可爱的星球！

　　我非常高兴成为本书最早的读者。现在，我迫不及待地要把这本书推荐给广大的读者，尤其是广大的青少年，我认为这是一本不可多得的课外科普读物。

2016年7月11日　昆明

目录
CONTENTS

地球是有生命的，正像人有生命、动物有生命、植物有生命一样，他们都有自己的过去、现在和未来，有着自己出生、成长、壮大、衰老、死亡的生命过程和生命周期。其实，天地万物都是如此，虽然形态不同，但生命体的运动本质是一样的。

寒武纪已经发现的动物化石有2500多种，可实际上，在那个时候，海洋中生活着的动物肯定不止2500种。在澄江帽天山发现的动物化石群，由于保存完整，门类众多，分布广泛，比加拿大布尔吉斯动物化石群更全面、更清楚地展示了地球成长历史从39岁到大约41岁时的动物成长状况。

大约从59.2亿年到40.57亿年的元古代晚期，地球成长到了"震旦纪"，这个阶段大约历时1.37亿年。"震旦纪"是元古代的晚期，也是"前寒武纪"的一部分。

"侏罗纪"时候的云南，经过"海西运动"以后已经全部成为陆地。中部却是一个茫茫水面的内陆大湖，露出湖面的苍山、哀牢山分布在从西北到东南的方向上，在大湖的两端遥遥相望。

地层深处有秘密
Secrets in the Deep Strata

从海拔5496米的哈巴雪山顶峰望去，对面是玉龙雪山，金沙江从两山之间奔腾而去。

云南是一片神奇的土地，这里，不仅有26个民族多彩的文化，还是世界著名的"植物王国""动物王国"和"有色金属王国"。云南的气候也是多样性的，被称为"立体性气候"，即由热到冷，热带、亚热带、温带、寒带的气候类型都集中在了云南。冬天，北回归线的阳光暖暖地撒向大地；夏天，高原的凉风又驱散了暑气；当迪庆高原披上了银装，红河谷里的香蕉却正在成熟；在西双版纳的橡胶流出乳汁的时候，乌蒙山的苹果正露出笑脸……

　　这块比日本、比意大利的国土面积还大一些的土地，集中了丰富的地理现象，除海洋之外，地球上几乎所有的地貌，都在云贵高原

几十亿年的地质历史，成就了云南高原独特的自然景观。

上有所呈现——高山、草原、冰川、大江、湖泊、荒漠、湿地；热泉、溶洞、瀑布、绿洲、火山、深谷……他们，是大自然馈赠这块土地的财富，是地球母亲为我们人类造就的一个独特的风光旅游胜地。

　　地球不仅在云南展现了她的神奇和美丽，还为我们提供了丰富的资源，特别是矿产资源。在人类已知的160多种矿产中，云南就发现了140多种，其中，有的储量还居世界前列。长远的地质历史和各种各样的地质作

⬆ 滇西高原，冰川地貌；群山向北，一直延伸到喜马拉雅。

用，不仅为矿物的形成创造了条件，还形成了云南特殊的地质地貌和多姿多彩的地质现象，使云南成为一座名副其实的地质博物馆：板块的碰撞形成了高山，地层的切割形成了深谷；岩层的起伏改变了河流，岩浆的溢出滋润了土地。不同的地貌产生了不同的气候，不同地貌与气候的结合又培植了不同的植物群落，而不同的植物群落则为不同的动物种类提供了生长繁衍的环境。在这样有限的土地上，竟然产生了如此丰富完整的自然现象，这在世界的其他地方真是难以见到！

地球为何这样钟爱云南？我们脚下的土地到底有些什么秘密？这地层深处究竟发生过什么？造就美丽云南这"植物王国""动物王国"和多样性气候的原因，究竟是什么？地

⬢ 山峰指向蓝天，风化砾石向山下滚去，只有最坚硬的玄武岩柱体，才能屹立在海拔6000多米的高处。

⬢ 气候变暖，冰川在融化，涓涓细流汇成了滚滚江河。

◢ 峻美的地质景观在大山的深处。

球内在的律动还会在将来带来什么样的变化？

人类至今已有200多万年的进化历史，我们对地面上发生的事情有了很多了解，诸如人类发展的文明史，国家、民族变迁史，等等。但是，对已经有了46亿年历史的地球母亲，对自己脚下的这片神奇土地，我们的认识和了解却少之又少。

其实，七彩云南，不仅是"植物王国""动物王国""有色金属王国"和"立体性气候家园"，还是地球上不可多得的"地质教科书""地质博物馆"。现在，我将带领读者开始一次有趣的地质之旅：到世界各地，到地层深处，通过了解地球遥远的过去，认识我们脚下的红土地是怎样形成的，"三江"为什么会并流，"三叶虫"是怎么回事，什么是"史前生命大爆炸"，沧海桑田确实存在吗，腾冲为什么会有火山，这些火山还会喷发吗，大地震会发生吗，玉石为什么产在滇西而不产在滇南，云南为什么会有这样多的矿产，它们是怎样形成的，我们有希望在云南找到石油吗？

……

在地质历史的源头和地球成长所经历的过程中，也许可以找到一些答案。所以，我们应该俯下身来，去亲近我们的地球母亲，了解她的历史变迁，进而认识我们赖以生存的家园。

🔺 行走在海拔5000多米的喜马拉雅山南麓，到处是中生代的砾石。

其实，大地母亲早已在等待着我们了！
继续走向远方，答案就在脚下。

01

地球的年龄
Age of the Earth

⌃ 地球的北极点

要了解我们的脚下，首先要了解我们所居住的地球。

地球是有生命的，正像人有生命、动物有生命、植物有生命一样，他们都有自己的过去、现在和未来，有着自己出生、成长、壮大、衰老、死亡的生命过程和生命周期。其实，天地万物都是如此，虽然形态不同，但生命体的运动本质是一样的。

所以，在我们的叙述中，我称呼地球、岩石、地层、动物、植物、化石等等的时候，都使用"他"而不是"它"，以表示生命在本质上的同一性。

上中世纪的时候，人们认为地球的生命只有五六千年；到了18世纪中期，人们认为地球的生命是10万年；到了近代，科学家使用了放射性同位素技术，才测出了现在公认的地球生命已经过去了46亿年！

科学家们发现，地壳岩石中的放射性元素铀，会按一定的时间和速度衰变成铅元素，所以，根据岩石中铅和铀的对比，可以推算出岩石的年龄。这就是放射性同位素测定技术。按照这个方法，科学家在大洋洲找到了30多亿年以上的岩石。而更古老的岩石

是在加拿大、南极洲和北极的格陵兰岛发现的，他们已经有40亿年的历史了。2008年5月，我和金飞豹进行中国人第一次对格陵兰岛的探险时，在格陵兰岛的西海岸，有幸看到了这一套古老的岩石。

虽然人们担心，人类掌握了能产生巨大能量的核裂变技术，会不会毁灭地球？实际上，即使狂人们互相乱扔核弹，毁灭的只会是人类自己，以及地球上其他无辜的生命，地球仍然会按照自己的生命周期生活下去。与伟大的自然相比，人类实在是太渺小了。

就像天上的星星在空间上离我们是那样

🔺 来自于格陵兰岛上的地球最古老的岩石——硅镁铁岩，也叫作超镁铁岩。

遥远一样，地球的诞生、岩石的生成、生命的出现，在时间上离我们也是非常的遥远。对于人类来说，怎样建立起46亿年的时间概念呢？我们可以做两个比方：

假设46亿年按长度比作46千米，一个人活了100岁，这100岁只相当于46千米当中的1毫米，就像人的手指甲的一道划痕，就像宇宙之大、基本粒子之小。所以，人要珍惜自己的生命，尽可能地活得充实，活得自在，活得有意义。

另一个比方，我们可以把地球当作一位46岁的人，他出生在46年前的1月1日，现在正是他46岁生日的前一天，即12月31日。那么我们来看看，这位先生到目前为止他的一生中究竟发生了哪些重大事件？

如同一个人对自己幼年时期的记忆有些模糊一样，地球早期活动的痕迹保存得很少，我们对地球先生六七岁童年以前发生的事情可以说是一无所知，人们仅在加拿大、南极洲、格陵兰和澳大利亚发现过地球在6～8岁时形成的少数

格陵兰岛是世界最大的岛屿，位于北美洲的东北部，在北冰洋和大西洋之间，是五分之四处于北极圈外的极地。格陵兰岛全岛面积217.56万平方千米，约为中国面积的五分之一，超过云南省面积的5倍。除了南部沿海有一些裸露的岩石，格陵兰岛都被一整块巨大的冰盖所覆盖，冰盖平均厚度1500米，最厚的地方接近3000米。这块冰盖如果融化，全球的海平面要上升6米。格陵兰岛是一个古老的地块，在两亿多年前的中生代中期，随着"联合古陆"的解体，从赤道附近，漂移到了现在的位置。

岩石。

地球上最初的生命，大约在他15岁时出现。从此，生命开始了缓慢的演化。但这种演化，开始时是在海洋里进行的。

直到地球先生40岁以后，生命才迅猛发展，开始有了全是荒漠的陆地。

42岁时，陆地植物繁盛，大地披上了绿色盛装。

45岁时，恐龙横行天下。

🔺 科罗拉多大峡谷是地球上地层出露最完整的地区之一，从5.43亿年前的寒武纪直到第三纪，各个地质时期的地层有序地堆积在一起，历史仿佛在这里凝固了！

7个月前，恐龙神秘消失，但是出现了大批更高等的哺乳动物。

10天前，亦即实际时间大约在300万年前，诞生了能制作工具的早期猿人，"人"这种动物开始进化。

昨天，即12月30日，猿人们开始生活在山洞里，并形成了原始社会，他们的毛发慢慢地退去，身上披起了兽皮做的衣服，逐渐有了"人样"。

今天，即12月31日的晚上11点，人开始经营农业，过定居生活。当时全球总人口比目前昆明市的人口还要少。当时有多少云南人，现在实在难以核实。

但1分钟前，亦即12月31日晚上11点59分，大工业出现，社会生产和科学技术空前发展，人这种动物繁衍到了70亿，并对其他物种和地球的环境构成了威胁。

所以，地质活动是个非常漫长的过程，矿产的形成往往需要数千万年，甚至数亿、数十亿年。就是已有2000万年历史的喜马拉雅山，在地质学家们的眼里，也还很年轻，被称为年轻

知识拓展
Knowledge Extension

科学家们认为，50亿年前，一颗巨大的恒星由于碰撞、爆炸而灭亡，产生的高温气体和尘埃形成了一团旋转的原始星云。在这团星云的中心，有一块燃烧的星体，在引力和磁场的作用下，吸引着其他的星体围绕着他旋转，这块燃烧着的星体就是太阳。围绕太阳旋转的其他星体不断地碰撞、聚合，大一些的，就成为星球；小一些的，就成了小行星；更多的，仍然是尘埃。许多小行星旋转得比较靠近，就成了小行星带。在这大一些的星球里，其中一个，产生了适合生命生存发展的环境，这就是我们的地球。在茫茫的宇宙里，这个过程每时每刻都在发生。因此，地球并不是唯一的。

的山系。因此，在我们对地球历史的介绍中，往往采用"百万年"作为地球年龄的单位，这就有点像天文学中把"光年"当作度量星际距离的单位一样。

　　与地球的一生相比，人应该感到自己的渺小和短暂。人在大自然面前，不能再狂妄了！

02

成长的阶段
The Growth Stage

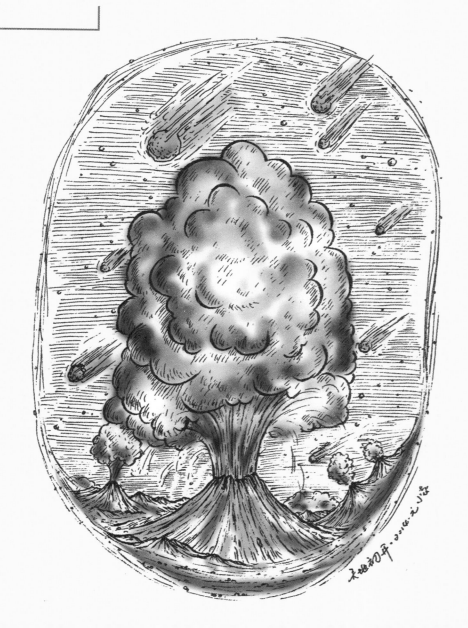

◈ 出露在科罗拉多大峡谷的寒武纪地层，他们是5.43亿年前的产物，整齐叠加在寒武纪
地层上面的地层，记录了从寒武纪到新生代以来各个不同阶段的地质历史。

经过了40亿年漫长的过程，当地球长到40岁出头的时候，进入到了寒武纪时期。寒武纪到现代，只有5.43亿年的历史。而寒武纪以前的时间，却是寒武纪到现在时间的7倍还多。在寒武纪以前的漫漫岁月里，地球逐渐走出了混沌，地球内部最坚硬的部分形成陆核，就像鸡蛋的蛋黄一样增加了地球的稳定性，陆核外面是厚厚的软流层，软流层的最上面结了一层薄薄的壳，就是地壳；地壳上面有了水，再经过漫长的岁月，生命开始在水里出现，起先是一些低等级的动物、藻类和菌类，到了寒武纪以后，生命的进化、地球的成长，才出现了多姿多彩的现象。

所以，寒武纪是地球生命历史上非常重要的阶段，也是一条承前启后的界限。我们以寒武纪为界限，先了解寒武纪，再了解寒武纪以前，最后了解寒武纪以后，这样来进行我们的云南地质之旅，更有助于我们对地球生命漫长历史的了解，可以更加熟悉我们的七彩云南。

知识拓展
Knowledge Extension

以寒武纪为界，寒武纪到现代，地球的成长可以分为三个阶段，从老到新，就是古生代、中生代和新生代。三个代里，又可以分为不同的纪。古生代最多，分为6个纪，他们是寒武纪、奥陶纪、志留纪、泥盆纪、石炭纪、二叠纪。中生代分为3个纪，是三叠纪、侏罗纪、白垩纪。而新生代只有第三纪、第四纪两个纪。后来，第三纪又被分为古近纪和新近纪。在5.43亿年的历史里，这些不同的"纪"，经历的时间长短是不一样的。有的过了上亿年，有的只经过了几百万年，时间跨度相差几十倍。

对地球生命的成长历史，地质学家曾经有过不同的阶段划分。一开始简单地把46亿年历史划分为"隐生宙"和"显生宙"两个阶段，即把地球刚出生的头6亿年叫作"隐生宙"，因为他的面貌人们还难以完全了解；后来的阶段，即6亿年到现代，全部都叫作"显生宙"。也有人倒过来划分，把至今40亿年即寒武纪以前的历史叫作"隐生宙"，至今40亿年以后，即寒武纪以后的历史，才叫作"显生宙"。"隐生"的意思，就是说不太了解生命成长的过程，很多现象都是模糊的，就像一个人，对自己4~5岁以前的事情，很难记得清楚；到了"显生"的时期，对一些现象才慢慢地有所了解。两种划分，都是以"亿年"为单位分段。直到2000年，在第31届国际地质大会上，才把整个地质历史的划分和称呼做了统一：大的阶段上，把过去的"隐生宙""显生宙"两个阶段划分为四个阶段，寒武纪到现代是一个阶段，从地球诞生到寒武纪以前，分为三个阶段，这三个阶段分别称为"冥古宙""太古宙"和"元古宙"。地球诞生到"太古宙"初期的10亿年时间，叫作"冥古宙"；从10亿年到21亿年是"太古宙"；21亿年到寒武纪前的40.57亿年是"元古宙"；进入寒武纪即从40.57亿年开始直到现代，才叫"显生宙"。"太古宙"和"元古宙"的各自期间，又划分成了几个"代"的阶段。虽然国际地质大会统一了寒武纪以前地球历史阶段的叫法，但在实际中，人们常常喜欢直接用"太古代""元古代"的叫法，来代替"太古宙"和"元古宙"的称呼，也不用这两个"宙"下面又划分成的其他几个

武定己衣大峡谷的断裂岩壁，也是寒武纪的地层，可以和科罗拉多的寒武纪地层对比；虽然两地处在地球的两端，但却是同一个时期形成的产物。从那个时期开始，地球的"硬壳"慢慢形成。

"代"。

除了国际上的这些统一划分以外，中国还把元古宙晚期到寒武纪之前，即从6.8亿年到5.43亿年的这段时期单独命名为"震旦纪"。"震旦纪"的时间跨度有1.37亿年。这段时间里发生的很多地质事件，中国人都喜欢用"震旦纪"来称呼，以表示自己的特点。据说，"震旦"是古代印度人对中国的美称，意为智慧。所以，一些人就喜欢上了这个词。但在正式的国际交流中，还是按照大家统一的称呼，称为"新元古代"晚期和"元古代"晚期，或者就叫"前寒武纪"晚期。

云南处于印度板块和亚洲板块结合部的南缘，活跃的地质活动，造成了多姿多彩的地形地貌，在滇西北的迪庆高原，中生代的石灰岩覆盖在古生代的地层上，加上现代冰川的作用，形成了像阿尔卑斯山一样的美丽景观。

出露在云南的多姿多彩的地层，除了尚未发现产生在太古代的地层以外，从元古代到新生代产生的地层都可以看到，而且发育得比较完整，分布也非常广泛，可以发现多种沉积类型，可以找到丰富的生物化石。七彩云南是一个具有特色的地层古生物分布区。

　　除了地层以外，云南还是中国地质构造最复杂、地质运动最活跃的地方，是世界上形成年代最新、活动形式最全、活动性最大、地层至今还在不断上升的地区之

云南楚雄一带的侏罗纪地层，记录了6000多万年前地球上热闹的生命景象，就是在这里，出土了我国第一具完整的恐龙化石骨架。

一。独特的地质景观、丰富多彩的地质现象，像一座巨大的地质博物馆，叙述着在云南这块土地上，自从地球生命诞生以来，地质变化和生命发展的全部历程。在完整的云南地层层序中，通过对岩石和化石的研究，可以找到生命从海洋里最早的发展（澄江动物群）到海洋生命登陆（禄丰恐龙），再到陆地生命繁衍进化为现代人（元谋人）全过程的遗迹。特别是保留在云南地层里丰富的化石记录，展现出了生命进化的一套非常完整的系列，为我们了解生命起源、山河形成、高原变迁、古人类进化提供了科学见证。了解这些，你可能会更加热爱我们脚下的这块土地。

知识拓展
Knowledge Extension

用哲学的观点来看，任何事物都有产生、发展、变化、衰老、灭亡的过程。而且，这些过程是不断地重复、循环着的，永无止境。人类的一些智者，把这个现象称为"轮回"。不管你理解不理解、喜欢不喜欢，"轮回"是一种自然规律。地质科学就是遵循着这种自然规律来认识我们脚下的土地的。

03

化石告诉我们……
What Fossils Tell Us

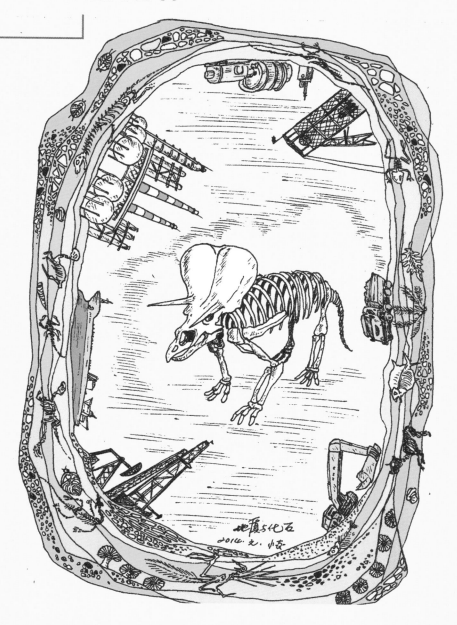

⛰ 珠穆朗玛峰是地球的最高峰。在6500万年前开始的新生代，印度板块冲向欧亚板块，欧亚板块的抬高逐渐形成了青藏高原；到了530万年前的上新世和更新世，珠穆朗玛峰从青藏高原突起，至今还以每年大约2.3厘米的速度继续长高。

在地球46亿年的成长过程中，发生过无数"翻天覆地"的变化：陆地的升降，海水的进退，岩浆的喷发，冰川的盛衰，大陆的漂移，海底的扩张，板块的碰撞……才使地球变成了今天这个样子。而这些活动至今并没有停止，地球生命仍然在继续着。懂得一些地质知识，你就可以以一种新的眼光去看待自然、看待生命，甚至看待你自己。

你可以重新观察高山和深谷，观察岩石和地层，观察我们脚下的土地。有了地质的眼光，哪怕你在旅游，你也一定会有更多的收获：你将会知道，云南这片土地，曾经是海洋之底；高黎贡山，曾经是海岛；楚雄，曾经是沼泽；普洱、西双版纳，曾经是海底……从太子

雪山一直到珠穆朗玛峰，一两亿年前，还是海洋生物游戏的滔滔大海呢！

　　研究人类历史可以根据文字记录和出土文物，研究地球历史却无任何文字和文物。但任何生命的成长，都会在成长过程中留下痕迹。记录地球成长的特殊"书页"就是地层。地层中保存了不同时代的生物遗体，这些成为化石的动物和植物们的遗体，就是地球成长和环境变化的证据。即便是由地下岩浆形成的地层，用同位素测定方法，或者和周围的岩石对比，

🔼 位于北纬81度的斯匹次卑尔根岛上，一枚螺类化石，出现在新生代的沉积岩层里，这套沉积岩层应该来自于赤道附近。

也可以知道他们的过去。46亿年的时间虽然漫长，但分析和对比这些证据，我们就可以重现地球的历史。

　　从前是海洋的地方，会留下海相沉积地层，在这种沉积地层中，会有海生动物和海生植物形成的化石；从前是湖泊的地方，会留下淡水生物的遗迹；从前生长过森林、栖息过兽类的地方，会发现硅化了的树干和灭绝了的兽类的骸骨；冰川光临过的地方，会留下巨大的漂砾，即从远处搬运来的岩石；有玄武岩的地方，就知道岩浆曾经溢出了地表；看到了花岗岩，就知道它们是来自于地球的深处；沉积地层反复出现，就可以根据

◆ 西澳大利亚金伯利地区的古生代地层夹层中的铝土矿层。

出现的次数，推断出海洋或者湖泊出现的次数和大体的时间。就像根据树木的年轮，可以准确地推断出树木的年龄一样。

正是根据这些现象，人们才能推断出地球的过去，才能知道不同的时期，有些什么不同的地层和岩石，这些不同的地层和岩石当中，会蕴藏着什么样的矿产。进一步说，矿产的分布是有规律的，不同的地质时期，不同的岩层，岩层间不同的接触方式，都会出现不同的矿藏。例如，在曾经是海底的地方，我们可能找得到盐类矿产，如普洱钾盐；在花岗岩和某些地层的接触带上，我们可能找得到金属矿产，如个旧锡矿；在一些地质年代的沉积地层中，我们可以发现煤矿，如曲靖、宣威、昭通一带的煤矿；在一些经过变质挤压又处在深大断裂的特殊地层里，我们可能有幸找到宝石、玉石；而在火山的通道内壁，我们有希望发现金刚石……

近一百年来，地质学家主要根据化石提供的信息，为46亿年的地球先生编制了一份档案，以不同的名字来标志他成长过程中的不同阶段。这就是地质年代表。

有了这份档案，我们就可以知道，46亿年以来，云南这块地方发生过些什么事，七彩云南是怎么来的，为什么会是现在的样子？

04

为地球建立档案

Archives for the Earth

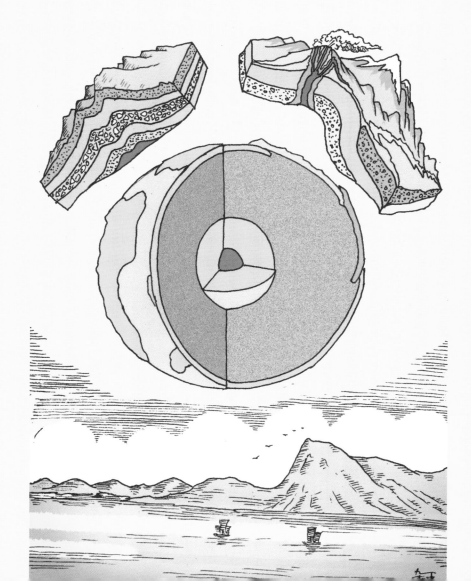

科罗拉多大峡谷，出露了从寒武系到第三系的完整地层，清楚地记录了地球5亿多年的历史。

诞生初期的地球，是一个死寂的世界。不稳定的地质结构，使薄薄的地表不断发生激烈活动——年轻的星球到处是地震、火山，加上宇宙尘埃的冲撞，内外地质作用的物质来源，使地球逐渐形成了坚硬的地壳。地壳的下面部分，是由岩浆形成的玄武岩和花岗岩，上面部分则是由颗粒在水中慢慢沉积挤压形成的沉积岩。

云南西部三江地区，地壳的厚度超过了50千米。

地球的岩石分为三类：岩浆形成的岩浆岩、沉积岩以及由这两种岩石变质以后形成的变质岩。在地壳里，岩浆岩和变质岩占了95%，沉积岩只有5%。而在地球表面，沉积岩露出的面积却占了75%，岩浆岩和变质岩露出的面积只占25%。而在云南，39万平方千米的面积里，岩浆岩和变质岩露出的面积就占了20多万平方千米，占了将近53%，其余的则是沉积岩和一些露出地表的花岗岩。这说明这块土地在过去的历史上，确实发生过许多不一样的事情。

经过46亿年的成长，地球的地壳逐渐增厚，现在的平均厚度已达到了33千米。但各处的厚度是不一样的，海洋底部的平均厚度只有7千米，陆地部分的平均厚度则超过了37千米。高山、高原的地壳最厚，青藏高原地区的地壳厚度就有70千米。云南也是高原，我们居住的这块土地，地壳最厚处超过了50千米，薄的地方也有38千米。而沿海地区的地壳厚度还不到20千米。我们住得这样高，当然可以看到更蓝的天空、更亮的星星。

尽管地壳平均有33千米的厚度，但它却

知识拓展
Knowledge Extension

岩浆岩也叫火成岩，他可以判断出地球的历史。虽然，在地球的表面，岩浆岩的面积只有25%，但这25%的岩浆岩，都是中生代晚期和新生代早期的产物，时间不过1.3亿年前到近代。更早时期，在地壳形成以后的各种岩浆岩，已经风化、堆积、变质，成了沉积岩，少数的成了变质岩。地质学家还可以根据岩浆岩的化学成分、矿物结构、结晶颗粒、风化程度，判断出不同时期喷出的岩浆。

是地球的一层薄薄的壳，厚度大致为地球直径的1/800，比鸡蛋壳与鸡蛋的比例还小。真害怕哪天天外飞来颗巨大陨石，冲破这层"蛋壳"，打破地球这只"鸡蛋"，"蛋白""蛋黄"流出来，地球也就破碎了。不过，科学家们说，这样的可能性只有几亿分之一！所以，大家可以放心地慢慢进化吧！

❤ 从亚利桑那州到科罗拉多州的大裂谷里，沉积地层清楚地记录了沉积的年代。

地质年代表

地质时代、地层单位及其代号				同位素年龄/Ma		构造阶段		生物演化阶段	
宙（宇）	代（界）	纪（系）	世（统）	时代间距	距今年龄	大阶段	阶段	动物	植物
显生宙 PH	新生代 Cz	第四纪Q	全新世Qh	0.01	0.01	联合古陆解体	喜玛拉雅阶段 / 新阿尔卑斯阶段	人类出现	被子植物繁盛
			更新世Qp	2.59	2.60				
		新近纪N	上新世N_2	2.7	5.3			哺乳动物繁盛	
			中新世N_1	18	23.3				
		古近纪E	渐新世E_3	8.7	32				
			始新世E_2	23.5	56.5				
			古新世E_1	8.5	65				
	中生代 Mz	白垩纪K	晚白垩世K_2	31	96	联合古陆形成	燕山阶段 / 老阿尔卑斯阶段	爬行动物繁盛	裸子植物繁盛
			早白垩世K_1	41	137				
		侏罗纪J	晚侏罗世J_3 / 中侏罗世J_2 / 早侏罗世J_1	68	205				
		三叠纪T	晚三叠世T_3	22	227		海西—印支阶段 / 印支阶段		
			中三叠世T_2	14	241				
			早三叠世T_1	9	250				
	古生代 P_Z	晚古生代 Pz_2 / 二叠纪P	晚二叠世P_3	7	257		海西阶段	两栖动物繁盛	蕨类植物繁盛
			中二叠世P_2	20	277				
			早二叠世P_1	18	295				
		石炭纪C	晚石炭世C_2	25	320				
			早石炭世C_1	34	354				
		泥盆纪D	晚泥盆世D_3	18	372			鱼类繁盛	裸蕨植物繁盛
			中泥盆世D_2	16	386				
			早泥盆世D_1	24	410				
		早古生代 Pz_1 / 志留纪S	末志留世S_4 / 晚志留世S_3 / 中志留世S_2 / 早志留世S_1	28	438		加里东阶段	海生无脊椎动物繁盛	藻类及菌类繁盛
		奥陶纪O	晚奥陶世O_3 / 中奥陶世O_2 / 早奥陶世O_1	52	490				
		寒武纪∈	晚寒武世$∈_3$	10	500				
			中寒武世$∈_2$	13	513			硬壳动物出现	
			早寒武世$∈_1$	30	543				
元古宙 PT	新元古代 Pt_3	震旦纪Z	晚震旦世Z_2	87	630			裸露动物出现	
			早震旦世Z_1	50	680				
		南华纪Nh	晚南华世Nh_2 / 早南华世Nh_1	120	800	地台形成	晋宁运动	真核生物出现	
		青白口纪Qb	晚青白口世Qb_2	100	900				
			早青白口世Qb_1	100	1000				藻类及菌类繁盛
	中元古代 Pt_2	蓟县纪Jx	晚蓟县世Jx_2	200	1200				
			早蓟县世Jx_1	200	1400				
		长城纪Ch	晚长城世Ch_2	200	1600				真核生物出现（绿藻）
			早长城世Ch_1	200	1800				
	古元古代 Pt_1	滹沱纪Ht		500	2300				
				200	2500				原核生物出现
太古宙 AR	新太古代Ar_3			300	2800	陆核形成	陆核形成		
	中太古代Ar_2			400	3200				
	古太古代Ar_1			400	3600				
	始太古代Ar_0							生命现象开始出现	
冥古宙 HD					4600				

注：无脊椎动物继续演化发展

◢ 国际上通用的地质年代表。

46亿年的历史，应该有一份履历。

从17世纪开始，人们就在努力为地球的历史建立档案，用不同的名称来标志地球不同的时代。两百年后，直到1913年，一位叫霍尔姆斯的英国地质学家，第一次绘出了有同位素年龄数据的地质年代表。那时，这位地质学家才23岁，还是个毛头小伙。后来，很多人又提出了修正，形成了目前世界通用的地质年代表。这张地质年代表就像人的履历一样，能够帮助我们认识地球成长的整个过程。

你必须了解这些熟悉但又陌生的名词，它们就是地球历史的标志。不同的名称，表示了不同的时代，这些时代都有着不同的故事。我们脚下的云南土地，就是由这些故事堆成的。

地球虽然已经成长了46岁，但他的前6年，完全是一片混沌模糊，应该属于地球演化的天文时期。40亿年前，才开始进入地质时期，那时，地球的内核就像鸡蛋的蛋黄一样，慢慢在地球的内部形成。地面开始有了大气层，有了水，有了最低级原始的细菌，有了火山等活动。到了40岁，

国际上流行着一个地质年代的记忆口诀：

新生早晚三四纪，六千万年喜山期；中生白垩侏叠三，燕山印支两亿年；古生二叠石炭泥，志留奥陶寒武系；震旦青白蓟长城，海西加东到晋宁。

口诀中的喜山期、燕山期、印支期，既是造山运动的时期，也是火山活动的时期。而最后的两句，概括的就是从古生代到远古时期，地壳形成、造山运动过程中的青白口、蓟县、长城、海西、加里东阶段和晋宁运动时期。晋宁运动就是以发生在云南晋宁地区的一次激烈的地质活动而命名的。

地球活动的资料和证据逐渐增多，才让我们更为详细地知道他直到46岁，特别是40岁到46岁这个时期的成长情况。所以，有人把地球的历史简单地分为两个阶段：40岁以前叫作"隐生宙"阶段，就是还不能确切地知道他是怎么长大的，也就是说，各种生命的初期状态都还在孕育着，还在做诞生的准备。而40岁以后就叫作"显生宙"阶段，顾名思义，地球的各种生命、各种现象都显露出来了。区别"隐生宙"和"显生宙"的那个时期，就是大家常常听说过的"寒武纪"。所以，"寒武纪"是我们了解我们脚下土地的重要名称和重要时代。而云南在"寒武纪"时期，确实也发生了一些重要而特殊的地质事件。

承上启下，我们应该先了解一下云南这片土地的寒武纪。

05

达尔文"后悔"了

Darwin's "Regret"

昆明滇池南岸附近的寒武系地层，距离现在5亿多年。

正像人们给生物分类一样，人们对地质时代和地层时代也进行了分类。人们把包括动物、植物在内的生物分为"界""门""纲""目""科""属""种"，共七个层次。

人们则把地质时代划分为"宙""代""纪""世"四个层次。后来在"世"下面又分出"期"，实际上是五个层次的地质时代单位。地质时代单位给出的是时间概念。与此相对应，对岩石地层按照形成的时间，也进行了层次划分。因为不同的地质时代会形成不同的岩石地层，对岩石地层的划分也分为五个层次，叫作"宇""界""系""统""阶"。 两种单位可以对比，它们是对应的。比如说，"寒武纪"对应着"寒武系"，就是说，在"寒武纪"这个地质时代，产生了"寒武系"这套岩石地层。

这些划分，有点像钞票的划分：元、角、分。过去还有"厘"。

这样一划分，就可以像书页一样，把分布在地球表面看起来杂乱无章的各种岩石、地层，按照时间顺序进行有序排列，便于研究他们的历史，他们的形态，他们之间的关系，特别是蕴藏在地层和岩石里面的矿物。

这是地质学的基础，也是找矿的基本方法。因为不同的时代会形成不同的地层，而不同的地层中会产生不同的矿物。为了找到有用的矿藏或者满足其他的地质需要，地质工作者首先要搞清地层形成的时代和岩石所处的地层。

寒武系地层里的化石，记录着5亿多年前生命活动的现象。

为了简要叙述的方便，我们更多时候只会提到四个层次地质时代中的两个——"代"和"纪"，以及岩石地层划分中的一个——"系"。比如说，"中生代"的"白垩纪"，"古生代"的"寒武纪"。这两个时代形成的岩石地层就叫作"白垩系"和"寒武系"。

"寒武纪"是古生代的开始，是古生代的第一个"纪"。古生代以前是元古代。大约在地球进入了41岁、距今5.43亿年的时期，"寒武纪"时代开始，在经历了0.53亿年以后，在距今4.9亿年时"寒武纪"结束。这是一段很长的地质时期，有5300万年，按照人到目前为止的进化时间大约300万年来计算，人类如果出现在寒武纪，到现在就进化了将近18次。可见5300万年是多么地漫长！当然，这里所说的"开始"和"结束"，并不是截然隔断的，而是渐进的。

云南在"寒武纪"时期，有着特别突出的表现。

1984年，几位地质工作者和古生物研究专家，在澄江县进行野外考察，这里出露着最清楚的一套寒武系地层，人们认为，在寒武纪时期，生物可能有过全面繁盛的现象。在地球生命形成的初期，首先出现的是绿色植物类。当时地球上有大面积的海洋，海洋中有大量的藻类，因此，海水中的含氧量比现在高得多。这给生命的产生和发展创造了一个良好的环境。对于早期的动物来说，它们有足够的氧气，也有足够的食物。

　　1860年的时候，达尔文为了完善他的进化论，他曾经猜想，在寒武纪以前，就应该有原始生命形态的存在，那么，在寒武纪的岩石

● 普渡河断裂带出露的寒武系地层。

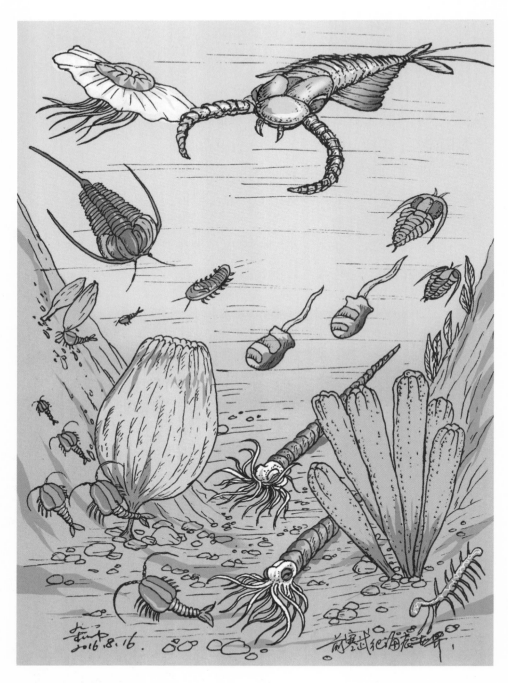

⬥ 根据化石复原的前寒武纪海洋世界

中，自然就会找得到这些原始生命产生、进化以后所形成的新形态的化石。这样就可以支撑他的进化论了。终于，云南地矿、中国科学院的专家们在澄江帽天山发现了大量的生物化石，有40多种门类80多种动物，包括了节肢动物、脊索动物、叶足动物和腕足动物等，完全是一个化石群。他们采集了2000多块化石标本，许多化石动物不仅非常完整，还保存了完好的软体组织，甚至可以看到他们的口腔，样子非常奇特。这些动物生活在5.3亿到5.4亿年前的"前寒武纪"时期的海洋中，进化时间仅仅1000万年，但种类、数量之多，超出了人们的想象。虽经5亿多年的沧桑巨变，这些最原始的各种不同类型的海洋动物软体构造保存完好，千姿百态，栩栩如

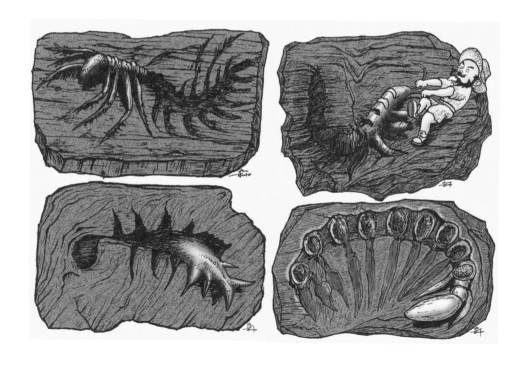

⌃ 寒武纪以前热闹的海洋世界。

生，是目前世界上所发现的最古老、保存最好的一个多门类动物化石群。他们生动地再现了当时海洋生命的壮丽景观，以及现生动物的原始特征，为研究地球早期生命起源、演化、生态等理论提供了珍贵证据，也可以作为科幻影片中奇形怪状的生物群的样本和哲学家们认识生命本质的感性材料。

消息一传出，立即在国际科学界引起了轰动，认为这是地球生命演化史上的大事件，被称为"20世纪最惊人的发现"之一。事实证明，寒武纪早期，确实存在着在地球生命史上速度最快、规模最大、影响最深远的生命演化事件，改变了人们对生物进化的传统看法。生命演化在不到地球生命发展史时间1%的"瞬间"，诞生了90%以上的生物门类，奠定了动物类型多样化的框架。几乎现存所有生物门类，都可以在这些化石中找到自己的祖先。而更多的在前"寒武纪"化石中出现的门类，在后来漫长的进化中已经消失。同一地点起跑的生物，有的走过几亿年还是老样子，有的几百万年后就完全绝灭，有的却演化出了差异巨大的不同种类生物。同样的时间对他们起了截然不同的作用。事实证明，生命在短期内，会发生大规模的迅速演化。

这和达尔文的均变进化理论是多么地冲突！帽天山的发现告诉我们：在地球生命发展的过程中，有渐进，也有爆发；有渐变，也有突变；有渐灭，也有绝灭；有生存竞争，自然选择，也有协同生存，共同进化……这些现象，挑战了人们已经固有的"生命是一步步，从低级到高级，从少量到多量进化"的理论。达尔文一定后悔没有来过云南！他如果到过云南，如果知道了帽天山的奇迹，一定会对他进化论的某些章节进行重大补充和修订。所以，这次澄江帽天山寒武纪动物化石群的发现，被国际科学界称作是"寒武纪生命大爆发"。今天，澄江帽天山已经成为国家地质公园，被世界科学界誉为"世界古生物圣地"，澄江化石地也于2012年7月1日，被正式列入《世界遗产名录》，填补了中国化石类自然遗产的空白。每个云南人都应该去看看。

所以，人对自然的认识，总是要不断地补充和完善的，不能被"权威"或者固化了的看法束缚了自己。只有大自然，才是我们知识的源泉。

06

昆明海口耳材村的发现

The Discovery in Haikou Ercai Village in Kunming

⌃ 滇池西岸，比梅树村那套地层稍晚一些的晚寒武系地层，三叶虫化石开始出现。

动物尸骸只有在极其特殊的自然环境下才能保存为化石。5亿多年前，云南的滇东、滇中，包括黔西、两广一带都是浅海，容易集聚泥质的沉积物，那个时候气候温暖，海水矿物质变得丰富，水母、蠕虫、节肢动物、多门类的海栖动物和藻类大量出现。他们突然被水流或者其他意外涌来的泥质沉积物掩埋，造成了大规模集体死亡，因为隔绝了空气，在不再遭受外界破坏的条件下，软体被保存在泥沙中，天长日久便形成了薄薄的

　◆德国的三叶虫和云南的三叶虫，都是同时代的产物，有许多还是同一个门类。

化石，奇迹般地保存在了石头制成的书页中。在前寒武纪漫长的地质历史中，一次次的泥流事件，一次次的泥沙沉积，在云南中部的很多地方，留下了厚厚的沉积页岩。在今天昆明的附近，从东到西，马龙、澄江、长虫山、眠山、海口、武定等地2000多平方千米的广大地域上，都分布着出露在地表的寒武纪沉积页岩。页岩里最容易找到的，便是三叶虫的化石。

◇ 北美大陆中部和北美大陆东部的三叶虫化石标本，三叶虫群体不同，但种类与昆明滇池附近的却相同。而且，他们的生活年代都同样是5200万年前的奥陶纪。

三叶虫的样子奇特，身体的背壳正中突起，两肋低平，形成纵列的三部分，因此名为三叶虫。从背部看去，三叶虫呈微卵形或椭圆形，外壳坚硬。三叶虫是最有代表性的远古动物，在寒武纪早期伴随着小壳动物群而出现在海洋里，他们具有很好的适应环境的生存方式：有些种类的三叶虫喜欢游泳，有些种类的三叶虫喜欢在水面上漂浮，有些种类的三叶虫喜欢在海底爬行，还有些三叶虫习惯于钻在泥沙中生活……他们占据了不同的生态空间。

　　小壳动物群主要是指软舌螺、腹足类、单板类、喙壳类和分类位置不明的一大批个体仅1～2毫米微小的动物、低等的软体动物等等，当时的海洋条件已经适合于他们生存，这些动物给三叶虫带来了丰富的食物资源。

　　在寒武系地层中已经发现的动物化石有2500多种，三叶虫就占了近70%，其他是腕足类动物、无脊椎动物。在那时的海洋中，三叶虫还没有遇到强有力的竞争对手，因此他们自由生活，迅速发展，使整个寒武纪的海洋成了三叶虫的世界。他们在距今5亿年到距今4.3亿年时发展到顶峰，后来又与其他无脊椎动物共同生存了很长时间，数量才逐渐衰减。直到2.4亿年前的"二叠纪"，才完全灭绝。三叶虫前后在地球上生存了3.2亿多年，是地球上目前已知的生存时间最长的动物，可见他们生命力的强大。在漫长的时间长河中，三叶虫演化出

1万多种类，有的三叶虫长达70厘米，有的三叶虫只有2毫米。到现在，还有新的种类的化石被不断地发现。所以，在澄江发现的那些化石里的远古动物，不仅逃过了泥沙掩埋的天灾，还逃过了三叶虫们的口腹，能够被他们的后代"人"所看到，实在是非常幸运。在澄江帽天山出现过的那些史前动物的身影，又相继出现在晋宁、安宁、呈贡、马龙、昆阳、海口等地的寒武系地层里，令地质学家、古生物学家们兴奋不已，终于，科学家们又有了另一项重大发现。

1997年，几位地质学家在昆明海口的耳材村前寒武纪地层里发现了一块脊椎动物的化石标本。第二年，在同一个位置的同样地层里，一位老教授又找到了一块鱼形动物化石。这是一个惊人的发现，因为，鱼是脊椎动物，脊椎动物比脊索动物的演化程度更高级，应该在比寒武纪更晚的时期出现，但是他们却现身于前寒武系的地层里，难道这又是生命进化的重大突破？因为，后来进化而来的爬行动物、哺乳动物和我们人类的共同祖先，都是来自于脊椎动物。而脊椎动物最初的出现，是在距今4.8亿年前的"奥陶纪"。人们此前找到的鱼类化石，确实都是在"奥陶纪"的地层里发现的。

昆明海口耳材村这两块化石的发现说明，作为脊椎动物祖先的鱼类，在5.43亿年前的寒武纪早期就已经出现。应该证明，脊椎动物的出现，比人们原来认

为的时间至少向前推移了6300万年。这两块化石分别被命名为"海口鱼"和"昆明鱼"。很快，中国科学家们的这项重大发现成果，刊登在了世界权威的科学杂志《自然（Nature）》上，引起了全球地质学界的轰动。几乎全世界的地质学家、古生物学家，

⚫ "海口鱼"，他可能是脊椎动物真正的祖先，出现在5亿多年前，可惜，"昆明鱼"的化石失落了。

都记住了中国云南的"昆明海口耳材村"。从此，海口耳材村也成了世界著名的、与澄江帽天山齐名的另一处前寒武系化石产地。

知识拓展
Knowledge Extension

《自然》（Nature）杂志是英国人在1869年创办的，是世界上最早的国际性科技期刊，办刊的宗旨是"将科学发现的重要成果介绍给公众，让公众尽早知道全世界自然知识的每一个分支中取得的最新进展"，杂志以报道和评论全球科技领域里的重大发现、重要突破为使命，要求这些成果新颖、前沿，具有开创性。一个半世纪以来，《自然》具有极高的国际声誉。人们都把能在《自然》上发表文章，当作衡量发表人学术水平的重要标志。1880年，爱迪生在美国创办了《科学》（Science）杂志，后来成为美国最大的科学团体"美国科学促进会"的期刊。《科学》的宗旨和《自然》一样，所以，两本杂志现在的作用和地位，以及在全球的影响力几乎相同。"云南昭通水坝塘第三纪古哺乳动物化石研究"的论文，就将由《自然》杂志发表。

07

滇池边的史前世界

Prehistoric World on the shore of Dianchi Lake

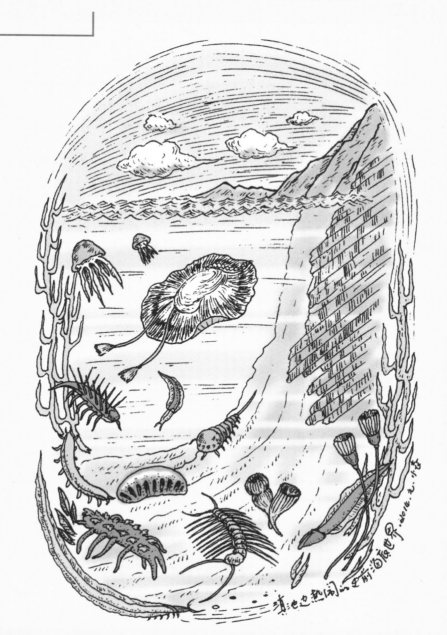

⚫ 在滇池边晋宁梅树村的旁边，露出了一大片形成于5亿多年以前寒武纪的沉积岩，在岩层断开的剖面上，布满了密密麻麻的小壳化石；那个时候，这里是一片热闹的海洋。

地球的生长过程，让昆明滇池周围有着太多值得骄傲的东西：澄江帽天山"寒武纪生命大爆发"的化石群，海口耳材村的"海口鱼"和"昆明鱼"标志化石。在晋宁的梅树村，又有一项具有世界意义的地质发现。

近代以来，人们采用放射性同位素方法来确定地球历史各个阶段岩石形成的时间，划分不同的地质时代，并结合岩石中的生物化石记录，用生物进化的历史来对应和确定岩石形成的历史。这样，不同的生物化石，就标志了不同的地质时代。最早划定寒武系的形成时代，是以大量三叶虫的出现为标志的。但是，在20世纪80年代，在云南晋宁县

◆ 昆明晋宁梅树村，近处就是5亿多年前的寒武系地层，一个令全球地质学家向往的地方。

一个叫作梅树村的小山村里，因为发现了一条地质剖面，彻底改变了以前划分寒武系和寒武系以前的地层的标志，而确立了新的划分依据。这就是"云南晋宁梅树村震旦系—寒武系界线层型剖面"。国际公认，在这条剖面之上的地层，是寒武系以来直到现在的时代，而在这条剖面以下的地层，则是寒武系以前地球成长的蛮荒时期，即太古代、元古代和更早的冥古宙。

地质剖面是地质学家对岩石地层断面的叫法。就像你掰开一块汉堡，在掰开的面上就露出了一层层的黄油、生菜、肉饼。这种被大自然掰开的岩石地层的面就叫作地质剖面，又称地质断面。它可以显示地层分布的方向、地层的厚度、地层露出地表或沿着一定深度埋藏的状况，特别是地层的不同岩石、不同成分、不同结构以及蕴藏在其中的有用矿藏。所以，地质剖面是研究地层、岩石和构造的基础。发现和测制地质剖面，是地质调查工作的重要方法，是野外找矿的前提。

晋宁梅树村的这条地质剖面长约12千米，宽度达600多米，从地下0.8米开始露出地面，像一条巨龙，躺在滇池边上。在这里，走很短的距离你就可以穿越时空，从前寒武纪进入到寒武纪。短短的五六百

1876年，美国地质学家J.霍尔为主席的创立委员会在美国发起、创立了国际地质大会。大会由各国地质机构和学术团体组成。大会是国际地质界的权威组织。1878年，在巴黎召开了第一次国际地质大会。以后每四年召开一次。1910年到1948年的历次大会，中国都派了代表参加。后来，在中断了26年以后，直到1976年的第25届国际地质大会，中国大陆才派出代表，恢复参加。1996年8月，北京成功地举办了第30届国际地质大会，中国地矿部总工程师、副部长张宏仁先生，当选为这一届大会主席。

▶ 在晋宁梅树村的浅灰色沉积页岩上，密密麻麻的小壳类动物化石。

米之内，你从空空如也的前寒武纪一边，逐渐在岩石上看到越来越多、越来越密的小壳化石：小型的螺类动物就叫作小壳动物，他们有软舌螺、腹足类、单板类、喙壳类等，各式各样的小壳类动物化石，开始是几个，紧接着是密密麻麻、数不胜数。在接近寒武纪标志的地方，大块岩石的表面上，还可以看到动物们在海底吃藻类时留下的无数弯弯曲曲的痕迹所形成的遗迹化石。整个化石现象分布连续，层次清晰鲜明，清楚地显示出地球上最原始的小生命们在出现后的活动状况。

这些小壳动物群诞生的时代比澄江帽天山那些奇奇怪怪的史前动物还要早，可能只有短短的几百万年。

中国

界线层型剖面

起点

THE PRECAMBRIAN
(SINIAN)-CAMBRIAN
BOUNDARY
STRATOTYPE SECTION
MEISHUCUN,CHINA
THE BEGINNING

这块简陋的标牌，却是国际公认的地层界限标志；在地球上的任何地方，只要找到和这里相同的地层，就可以断定出他的生成时期和生成年代。

但是他们的出现，却为"寒武纪生命大爆发"揭开了序幕。此后，动物的进化迅速升级：有的长出了外壳和骨片，有的长出了腿，他们的生活开始有了多样性，具备了攻击或者防御的能力。动物间也开始为了生存而互相捕杀。地球的海洋里开始热闹起来。

因为有了"云南晋宁梅树村震旦系—寒武系界线层型剖面"作为标志，此后，在世界的任何地方，只要发现这套地层，只要看到这套地层中和晋宁梅树村一样的小壳类动物化石，就可以断定这里就是寒武系和寒武系以前的地层的分界线，就可以发现人们需要的东西。所以，澄江、海口、晋宁这三个地方的三项地质发现，在科学史上，都写上了重重的一笔，同时也说明了七彩云南，我们脚下的这片土地的奇特——在5亿多年前，滇池的周围，可能正是地球上一片最热闹的海洋！

08

1.6亿年中的三个环节
The Three Links in 160 Million Years

科罗拉多河流像一把刀，把地层切开，露出了连续几十亿年的沉积岩，其中，就有连接了加拿大布尔吉斯的沉积页岩。

在澄江发现了寒武纪生命大爆发的各种化石以前，世界上已经有过两次对寒武纪生物化石的重要发现。

1909年，在加拿大布尔吉斯的沉积页岩中，人们发现了一组动物群化石，他们除有壳的三叶虫和海绵动物以外，还有100多种保存得十分完整的无脊椎动物化石：有的像环节动物，有的像水母、海葵那样的腔肠动物，也有像海参那样的棘皮动物……这些动物大多数应该是生活在深海里。经测定，他们生活的年代大约在距今5.1亿年，比澄江动物群晚2000万年。后来，美国科学家维尔卡特把这些动物称为"布尔吉斯生物群"。"布尔吉斯生物群"给了当时科学界极大的震撼，它使科学家第一次清楚地认识到，在寒武纪海洋中，具有像三叶虫一样的骨骼化的动物仅仅占少数，而绝大多数是不易保存化石遗迹的软躯体动物，这些软躯体动物的门类还非常多。这就说明：人们原来以为寒武纪仅仅只有三叶虫等少数硬体动物的认识是片面的。一时间，加拿大布尔吉斯成为全世界古生物学者关注的圣地。

1947年，在澳大利亚南部的埃迪卡拉，又发现了大量的史前无壳动物化石，他们以腔肠动物门的水母类为主，还有环节动物和其他软体动物。地质学家们采集到了几千块化石，在对这些化石进行深入细致的研究后发现：在这些化石记录中，有的是圆形的压印，同现代水母相似；有的是柄状的印痕，与现代的海鳃相似，也是一种腔肠动物；有像细长蠕虫那样的化石印痕；更有一块化石，记录的是一个像马蹄形的头和大约40个完全相同的体节，与现代的环节动物相似；还有一块化石上的动物，呈椭圆形，头部像盾形，身体有T形纹道，样子奇怪，像节肢动物。这些动物同现在已知的任何一种生物都不相似。经过测定，在埃迪卡拉所发现的化石的动物们，他们生存的年代距今约6.7亿年，比加拿大布尔吉斯的动物群早1.6亿年，比澄江动物群早1.4亿年，应该是地球上出现最早的海洋动物群。在1974年召开的国际地质科学联合会巴黎会议上，地质学家们一致肯定埃迪卡拉动物群生活的年代为前寒武纪晚期，这是目前已发现的地球上最古老的后生动物化石群之一。因此，埃迪卡拉动物群一直就被作为前寒武纪生物演化的标志。有的地质学家还把埃迪卡拉动物群生活的年代定为一个专门的地质年代，叫作"埃迪卡拉纪"。

但是，澳大利亚埃迪卡拉动物群和加拿大布尔吉斯动物群，一个生活在寒武纪之前，一个生活在寒武纪的早期，两个动物群所显示的年代中间有1.6亿年漫长的时期间

知识拓展
Knowledge Extension

地质学家把大陆地壳上相对稳定、面积广大的陆地称为地盾。地盾一般形成于寒武纪或寒武纪前期，出露的岩层都属于太古宙和元古宙。和其他区域相比，地盾中的造山活动、断层、火山等地质活动都很少，因此可以保存更多的远古信息，产出许多大面积的矿产地。北美洲板块最坚硬、稳定的核心，就是加拿大地盾，面积将近50万平方千米。

⬆ 美洲中部，新墨西哥高原的寒武系地层。

隔，动物是怎样演化的不明确，他们之间的演化关系更不清楚。

直到1984年，澄江帽天山动物化石群的发现，填补了澳大利亚埃迪卡拉、加拿大布尔吉斯两个动物群生活时代之间的空白。三个地方的发现，像链条一样，把寒武纪时期和寒武纪以前动物的进化过程连接起来，让我们如实看到了距今5.3亿年前动物进化的真实面貌。所以，澄江帽天山动物化石群是三个链条中间重要的一环。

寒武纪已经发现的动物化石有2500多种，可实际上，在那个时候，海洋中生活着的动物肯定不止2500种。在澄江帽天山发现的动物化石群，由于保存完整，门类众多，分布广泛，比加拿大布尔吉斯动物化石群更全面、更清楚地展示了地球成长历史从39岁到大约41岁时的动物成长状况。而且，借助澄江帽天山发现的动物化石群，还可以了解到那个时候大气、岩石、海洋等方面的状况。所以，澄江帽天山的动物化石群被誉为世界古生物之最，与澳大利亚埃迪卡拉动物群、加拿大布尔

◆ 各个种类的澄江动物群化石

澄江动物群化石中的"古蠕虫"。

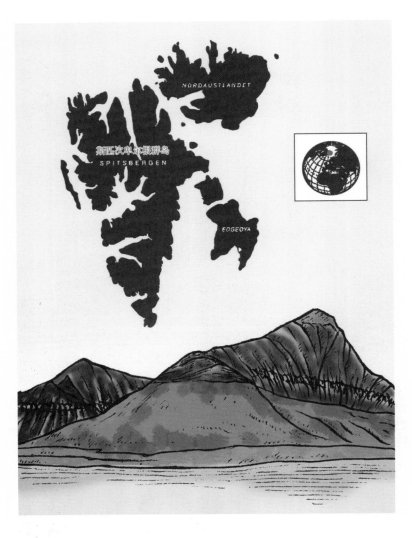

加拿大地质的边缘一直延伸到斯匹次卑尔根群岛；地质作用把太古代的地层抬升到了古生代的地层上面。

吉斯动物群一起，被世界古生物学界列为地球早期生命起源和演化实例的三大奇迹。

澄江帽天山的动物化石群还告诉我们，许多生物造型远在布尔吉斯动物群之前的前寒武纪时候就出现了。而且，一些动物门类在1.6亿年的漫长时间里，演化过程中是连接的，他们经过了埃迪卡拉—澄江帽天山—布尔吉斯时期，继续向历史的进程演化。特别是在澄江帽天山—布尔吉斯两个阶段，最大的演化现象是产生了带壳的动物，从而进化了许多新的门类。澄江帽天山动物化石群的发现显示，各种各样的动物在这个"寒武纪生命大爆发"的时期迅速起源，立即出现。现在生活在地球上的各个动物门类的祖先们，几乎都"同时"出现在前寒武纪的海洋里，而不是经过长时间的演化前前后后慢慢变来的。这一发现，将动物多样性的历史前推到了寒武纪早期，标志着原始的生命形态在经过30多亿年的准备之后，积累的生命能量和无穷的创造力已经喷薄而出。生命演化的历史从寒武纪开始，翻开了全新的篇章。

距离云南大约14000多千米、位于北纬78度的挪威斯匹次卑尔根群岛，当地的地质图上显示，斯匹次卑尔根群岛的地层大部分和云南相似，出露着从寒武系到二叠系的连续剖面。自然，那里也生活过和云南地质历史时期相同的生物。

三个地方发现的动物群生活时代接近，形成化石的地层也相似，说明那个时候他们的生活环境是一体的，或者说这三个地方靠得很近，不像现在隔得这样遥远。但是，在

知识拓展
Knowledge Extension

北美地盾的边沿，延伸到了大西洋、北冰洋的广大区域，包括格陵兰岛、冰岛和斯匹次卑尔根群岛。所以，在这些岛上，可以采集到最古老的岩石标本和获得其他宝贵的地质信息。斯匹次卑尔根群岛的首府朗伊尔是地球最北边的城市，从这里乘小型飞机，可以上到北极的浮冰，从浮冰行走，就可以到达北极点。

寒武纪前后这1.6亿年的历史长河中，三个时期不同阶段的动物演化并不是完全连续的，他们中的大部分种类并没有相互继承的关系，有的动物种类灭绝了，更多的动物种类又产生了。地球的表面也不断地变化着，地壳慢慢地变厚，陆地冒出了水面，又沉入了海洋。地球的变化实在神奇，到现在"人"能够了解的，也只是大概的情况，更多的未知，还有待于我们继续去探索。

◀ 出现在昆明的这种叫作"小川滇虫"的动物。

09

云南最早的陆地
The Earliest Landmass of Yunnan

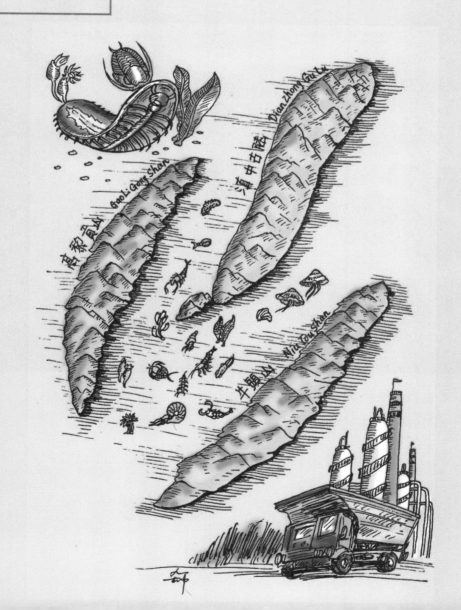

🔺 5亿多年前就露出海面的高黎贡山，如果不是从地质学方面去考察，你一定不会知道，他是云南甚至亚洲最早的陆地。

寒武纪时期的地球，是一个海洋的世界，动物在水里迅速地进化，陆地在海底慢慢地形成。具有硬壳的动物第一次大量出现，许多大陆都被浅海所覆盖，一块叫作"冈瓦那"的超大陆，正在南极附近形成。

　　这个时候的云南，有三块陆地从海里升

　🔽　高黎贡山上的"石月亮"，是由于地质作用，古老的玄武岩柱状节理坍塌，形成了巨大的圆形空洞，远远看上去，就像一轮圆月，挂在高高的高黎贡山上。

起，这就是西边的高黎贡山、从永善到石屏的滇中古陆和从罗平到开远一带的牛头山。三块陆地像三座岛屿，前两座的走向大体上从北向南，后一座的走向大体上由东北到西南，正是这三座岛屿组成了后来云南大地最初的轮廓。高黎贡山和滇中古陆之间是一条深深的海槽，保山、临沧、普洱一带都沉在海底。而这时的澄江、昆明、晋宁、呈贡、宜良、文山、香格里拉等地都是一片浅海。寒武纪时的这片地区气候温热，浅海里生物繁盛，逐渐有了骨骼的埃迪卡拉动物们的后代，正在和澄江帽天山动物们展开生存竞赛，各种奇奇怪怪的海洋生物出现又灭绝，只有带壳的三叶虫们在海里自由自在地生活着，他们的确是那个时候地球上的主人。即使隆出水面的陆地，也都光秃秃的全是岩石，那个时候无论动物还是植物，都只能生活在水里，直到大约两亿年以后，才有了能够爬出水面的两栖动物。陆地上才开始有了苔藓植物、蕨类植物，大地才开始出现绿色。在以后的地质年代里，滇中古陆、牛头山等又沉入了海洋，只有高黎贡山仍然屹立在大地上，一直到现在。所以，高黎贡山成了云南最早的陆地，到现在已经有了5亿多年的历史。

云南是一个不断上升的高原，这是因

知识拓展
Knowledge Extension

大约两亿年以前，云贵地区的绝大部分，还是一个长期被海水淹没的海湾，中生代以后，海水退去，陆地上升，成了云贵高原。云贵高原包括今天云南省东部、贵州省全境以及广西西北部和川、湘、鄂边境。云贵高原的延伸部分，还包括了老挝北部、缅甸东北部掸邦高原和泰国北部。云贵高原堆积了深厚质纯、面积广大的石灰岩。同时，又因为地壳构造的运动，把云贵高原抬升成海拔一两千米的高原，有利于流水的侵蚀、溶蚀，使云贵高原出现了典型的喀斯特地貌。

为长期的地壳运动和地质作用，造就了今天的地理地貌。地质学家们把在云南发生的地壳演化活动，即地质发展史，分为了8个阶段，依次是造山期、拗陷期、裂谷期、造陆期、陆盆期、高原期、湖盆期和峡谷期。以高黎贡山的形成为标志，云南的地质发展史开始了第一个时期——造山期。

寒武纪，不仅地球在成长、生命在演化，矿物也在地底下孕育。矿物是构成地球岩石的原料，一定的矿物都与一定的岩石相关联。岩石中含有各种矿物资源，有些岩石本身就是矿藏。自然界的矿物大约有3000种，但最常见的只有50到60种；而构成岩石

"石月亮"是由玄武岩构成的，而这里的玄武岩，正是5亿多年前在海底形成的古老岩石。曾经有人认为，"石月亮"是石灰岩风化以后形成的，说这话的朋友可能没有到过"石月亮"的现场。地球上石灰岩的形成，多数在寒武纪以后2亿多年的中生代。所以，"石月亮"还印证了高黎贡山古老的地质历史。

主要成分的矿物却只有20到30种。这20到30种矿物种类虽然不多，却占了地壳质量也即重量的99%，所以，他们也被称为"造岩矿物"。"造岩矿物"的主要化学元素就是氧、硅、铝、铁、锰、钙、钠、镁、钛、氢、钾……这些元素组成了地壳的三大类岩石：岩浆岩、沉积岩和变质岩。岩石中的化学元素，在漫长的地质历史变迁中，经过温度、压力和时间的作用，产生了流动、溶解、沉淀、化合、交换、集聚等过程，形成了一定规模的富集体。这种有用的富集体，

◇ 东川，一大片变质玄武岩的中部，沉积了中生代的石灰岩，在两种地层的结合部，生成了铜——多金属等有用的矿产。

就是矿床。

因为地球是个生命体，所以这种成矿的运动从来不会停止，直到今天还仍然在进行。只不过这种运动的过程非常漫长，"人"以自己熟悉的概念，是很难体会到地球生命是怎样对矿物进行孕育的过程的，也很难把握成矿作用的所有规律。只有了解了化学元素怎样在不同的时期、不同的温度、不同的压力作用下，怎样进行流动、溶解、沉淀、化合、交换、集聚，才可能掌握成矿作用的规律，找到某些化学元素的富集体，也才可能找得到矿藏，得到地球母亲慷慨地为"人"所准备的财富。

这是一项多么吸引人的事业啊！它需要多种知识的结合，需要严谨的思维、丰富的想象、细致的观察、客观的判断，还需要不畏艰辛和孤独的野外探险。更重要的是，需要"人"对大自然的尊重和热爱。

这就是地质工作的魅力所在！

寒武纪时期在云南形成了一批重要的矿产：

首先是磷矿。磷的80%左右用于农业，制造磷肥；另外，在洗涤剂、冶金、电镀、颜料、纺织、制革、医药、食品、玻璃、陶瓷、建筑材料、日用化工、造纸等行业都可广泛应用。高纯度及特种功能的磷化工产品更可用于尖端科技、国防工业，可以制造电子电气材料、传感元件材料、离子交换剂、催化剂、人工生物材料、太阳能电池材料、光学材料等等。

在滇池周围，晋宁的中谊村、王家湾，安宁的草铺、县街、鸣矣河，江川的清水沟，澄江的渔户村，华宁的火特，昆明的海口、桃树箐、白塔村、尖山等地，地质工作者发现并探明磷的储量就有近110亿吨。在沾益的德泽，永善的金沙厂，也找到了近3亿吨的储量。玉溪、昭通、文山等地也都有发现。到目前为止，调查的储量加起来，数量占全国第一位，而且分布集中，规模巨大，品质优良，大部分都可以露天开采。磷矿藏的发现使云南成了中国的磷矿基地，仅仅几十年的时间，一大批矿山建立起来，使矿产转化成了财富，养育着还不太珍惜他们的我们……

云南大量磷矿的形成，从另一个方面说明，寒武纪确实发生过"生命大爆发"，因为磷是有机生命的基本成分。生物死亡，肉体化解，留下骨骼，其中的磷元素沉积、富集，几亿年以后，就成了矿床。这是多少生命的转化啊！一种生命形式的结束，成为另一种生命形式的新生，周而复始，循环往复，生生不息。也许，这就是我们还不太理解或不太承认的一个自然规律。

知识拓展
Knowledge Extension

大家都知道，植物生长离不开氮、磷、钾。他们都可以从矿物中取得。磷矿石的用途很多，可以制取磷肥，也可以制取纯磷(黄磷、赤磷)、磷酸及其他化工原料。赤磷是做火柴的原料。黄磷有剧毒，可以制造农药。磷酸是制取高效磷肥及各种磷酸盐的原料。磷酸盐用于制糖、陶瓷、玻璃、纺织等工业。磷酸钠、磷酸二氢钠可做净化锅炉用水的净化剂，磷酸二氢钠还可以制造人造丝。六聚偏磷酸钠可做水的软化剂和金属防腐剂。磷还用于医药。炼制磷青铜等都要用磷。

10 互相转化的岩石
Each Transformed Rock

　　⬆ 地球和岩石都是有生命的，这些生命时时刻刻都在轮回转化中；在地层内部的变动和地层外部的风化作用下，高山上的岩石剥落、坍塌、破碎、堆积，慢慢地又形成了新的地层。在滇西北高原和喜马拉雅山脉上，这种现象特别普遍，景色也特别壮美。

含有大量生物残骸的沉积岩，这些生物化石大部分是螺类、腕足类的残骸，这套岩石多半形成于石炭纪—二叠纪。滇中、滇南一带分布很多。

除了磷矿以外，地质工作者还在云南的寒武系地层里，找到了钒、镍、铀和银矿。

沾益的德泽，是一个含钒、镍、铀的矿床。

钒是一种特殊的金属，被称为"化学面包"，如果说钢是虎，那么钒就是翼，钢含钒犹如虎添翼。只需在钢中加入百分之几的钒，就能使钢的弹性、强度大增，抗磨损和抗爆裂性极好，既耐高温又抗奇寒。难怪在汽车、航空、铁路、电子技术、国防工业等部门，到处可见到钒的踪迹。

滇三江地区
怒答随处可见布
闪长岩怒江

经过变质的花岗闪长岩，"三江"地区、怒江峡谷随处可见。

提起镍，大家自然会想到硬币。因为过去都把硬币叫作镍币。其实，造钱只是镍的一小部分用途。镍是一种银白色金属，具有良好的机械强度和延展性能，在高温下很难熔化，并具有很高的化学稳定性，在空气中也不会氧化。因此是一种十分重要的有色金属原料，被用来制造不锈钢、耐酸钢、耐热钢，广泛用于飞机、雷达、导弹、坦克、舰艇、宇宙飞船、原子反应堆等各种制造业。镍还可作陶瓷颜料和防腐镀层。镍如果和另一种金属钴混合，冶炼出来的镍钴合金就是一种永磁材料，即这种材料一经磁化就能保持稳定的磁性，可以用于电子遥控、原子能工业和超声工艺等。

10
互相转化的岩石

🔷 加拿大地盾中的石英岩，巨大的石英晶体。

铀自然是一种放射性物质，铀矿石是具有放射性的危险矿物。他们除了可以提取铀用于核工业外，还可以从中提取到镭和其他稀土元素。铀矿还是矿石家族中的"玫瑰花"，色彩绚丽，而且在他美丽的外表后面还潜藏着巨大的能量。但是，铀是一种不稳定的化学元素，很少独立成矿，总是和别的矿物共生在一起。德泽发现的铀矿，储量只有几百吨。

寒武纪的中期，地壳在蒙自的"白牛厂"沉积形成了一座大型的银多金属矿。仅三个矿段就找到了银5000吨，铅锌200万吨，锡10万吨，铜10万吨，等于打开了一座财富的宝库。

这些矿产资源的发现，真好像5亿多年前的地球就已经特别喜爱云南这个地方，希望"人"这种动物能够依托自然的馈赠，休养生息，和谐进化，不需要狂妄自大，不需要动不动就征服这个、征服那个。

10
互相转化的岩石

❯ 最常见的沉积岩——石灰角砾岩，不同时期的沉积岩破碎、胶结、挤压在一起，常常可以变化出各种图案，丰富着人们的想象空间。

这并不是钟乳石，而是由石英脉平行穿插在含氧化铁的沉积岩里所形成的混合岩。

也许，人们发现的，还只是寒武纪孕育的一小部分，更多的财富还在地下，等待着有更多知识的人去发现、去开发。

在云南发现的寒武纪时期的矿藏，大都蕴藏在沉积岩中，属于沉积矿产。

沉积岩是由层层堆积起来的由松散的碎屑物、砾石、砂、黏土、灰泥、生物残骸和宇宙物质固结起来的岩石。他可以顺层剥离，而且一般含有生物化石。按照质量计算，沉积岩只占地壳的5%，但是，因为沉积岩覆盖于地壳的表面，分布十分广泛，因此，在大陆，沉积岩出露在75%的面积上，而在大洋底面，几乎全都被新老沉积岩所覆盖。云南地表的沉积岩面积，只有47%，其他的多是岩浆岩和变质岩，这些岩石，带来了丰富的矿产资源。

看起来坚硬、不动的岩石，实际上时时刻刻都在互相转化着。岩石的形成是一个循环往复的过程，构成地球地壳的沉积岩、岩浆岩和变质岩这三大岩石之间总在相互转化。地壳深处的液态岩浆缓慢上升，接近地表，大股的形成巨大的深成岩体，小股的在地层里形成侵入岩脉、熔岩流，或者喷出地面形成火山。岩浆在冷却和凝结的过程中形成了岩浆岩，如花岗岩和玄武岩。

地球的活动使这些花岗岩和玄武岩上升，露出地表，在冰川、流水、风雨和生物的作用下，花岗岩和玄武岩破碎成颗粒，又被冰川、流水和风雨搬运，逐渐在湖泊、沙漠、海洋等低洼处形成沉积，层层叠加，变成黏土岩和页岩。堆积在海陆之间大陆架的沉积岩，有些会被高密度的洋流通过海底峡谷，搬运到更深的洋底，形成沉积岩。

在大规模的造山运动中，在高温高压的作用下，露出地表的沉积岩和岩浆岩变成了变质岩，如片岩、片麻岩。温度和压力进一步升高，岩石重新破

知识拓展
Knowledge Extension

岩浆岩是由火山喷发出的岩浆冷却后凝固而成的岩石，也叫火成岩。岩浆岩分为侵入岩和喷出岩两种。侵入岩是地下岩浆在内力作用下，沿着岩层裂隙，侵入地壳上部，在地表下冷却凝固，成为岩石，他的矿物结晶颗粒较大，代表岩石是花岗岩。喷出岩则是地下岩浆，沿地壳薄弱地带的通道，喷出地表，冷凝形成岩石，他的矿物结晶颗粒细小，代表岩石就是玄武岩。火山爆发流出的岩浆温度高达摄氏1200℃，如果在水下喷发，在冷却的过程中结晶，结晶体就会形成柱状节理。也有人认为，玄武岩柱状节理是因为岩浆在喷发的过程中被堵塞，在火山口内冷凝结晶而成。腾冲出现的柱状节理就属于这种类型。

➡ 喜马拉雅山南坡的花岗岩，闪闪发亮的晶体是白云母。

⏫ 沉积岩风化后成了碎屑，堆积在更加年轻的喜马拉雅山群峰之上。

碎、熔化，又开始进入下一次新的循环。

　　所以，地球的地壳、我们脚踩的沙土，其实都是来自于不同的岩石，他们时时刻刻都在进行着风化—沉积—变质—熔化—再风化—再沉积—再变质—再熔化的生命循环。只要地球存在一天，这样的过程就不会停止。

🔿 利比亚西部的撒哈拉沙漠腹地自然渗出的地下水，这里在1万年以前还是绿洲。

11

地球的"各种运动"

"The Various Kinds of Sports" on the Earth

⬆ 开始于6500万年前中生代晚期的喜马拉雅运动，也叫作新造山运动，现在地球上的大部分山系，就是从那个时代开始形成的。而在更早的晚三叠纪，伴随着联合古陆的解体，燕山运动和阿尔卑斯运动也在进行。地球上渐渐有了各个山脉的雏形。

让我们看看在寒武纪以前，地球是怎样成长的。

诞生初期的地球没有山，也没有地壳。

46亿年前，刚诞生的地球像一个大熔炉，熔岩到处流淌蔓延，到处响彻着火山喷发时发出的巨大爆炸，来自太空的陨石不断地坠落，溅起的岩浆像血液一样四处流淌。这个时候如果有一个生命从外太空看地球，他看到的可能是一个布满累累伤痕的暗红色的星体，而不是现在的这颗蓝色的美丽星球。

在冥古宙时期，大约经过了6亿年出生之初的痛苦阶段，来自太空的陨石撞击基本结束，地球表面温度慢慢冷却，沸腾万里的熔岩逐渐凝固，地球终于包上了一层壳，就是地壳。在地壳下面，巨大的热量向地球的深部集聚，形成了地核，在地壳和地核之间，是厚度近3000千米的地幔，地幔和地壳的接触部分，又有一层厚度为60到120千米的岩石圈，称为"软流层"。软流层托起了地壳，通过各种地质作用，从内部把地球深部的巨大能量带给

知识拓展
Knowledge Extension

约在中生代将近结束的6500万年前，开始了阿尔卑斯造山运动。在2.5亿～6500万年前的中生代期间，河水将被侵蚀的物质冲刷并沉积在被称为特提斯海的广阔洋底，缓慢变成由石灰岩、黏土、页岩和砂岩组成的水平岩层。在约4400万年前的新生代中期，非洲构造板块向北移动，与欧亚板块碰撞，使那些早先沉入特提斯海的水平岩层形成褶皱，并抬升至接近今日喜马拉雅山脉的高度。在整个第四纪的260万年期间，地质力量不断地雕琢着这些褶皱且被推挤上来的山脉，就形成了今日阿尔卑斯山脉地形的大概轮廓。

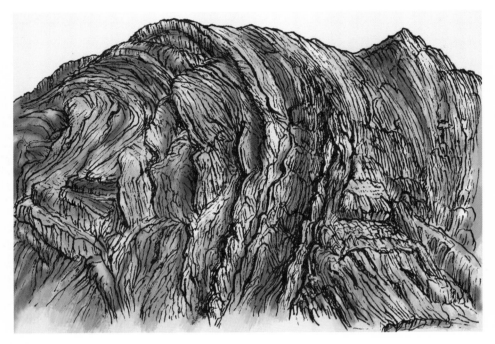

⌃ 强大的地质力量，像揉面一样改变了地层的形状。

地壳，并帮助着外部——来自于地球表面和太空的力量，造就和改变着地壳，使地球度过了46亿年的成长岁月。

在漫长的地球历史中，由于自然的力量、太阳的辐射、地球的自转、化学的演化，使组成地球的物质不断地变化、重组，使地壳的内部构造和地表形态也在不断地改变。这种自然的力量就叫作地质作用。

由于地球内部的力量，使地壳改变了形状、转移了位置、抬升了高度、降低了水平的作用，叫作"构造运动"，又叫"地壳运动"。构造运动使地壳发生褶皱，发生断裂。地壳隆起，形成山脉；地层断裂，形成深谷；地壳裂开，形成板块；板块移动，又形成碰撞。这些构造运动时时刻刻都在改变着地球，促进着地球的成长，至今还在继续。所以，地球是一个生命体，时时刻刻都处在运动变化之中。

当然，这种"运动"是一种自然能力的体现，是一种规律，包括了"地壳运动""构造运动""造山运动""板块运动"等等。

⌄ 在海拔5000多米的克什米尔，玄武岩变质风化以后，成了魔幻世界的场景。

⌃ 海拔越高，风化作用越强，在尼泊尔一侧5000多米海拔的喜马拉雅山脉，坚硬的岩石成了沙砾。

所以，地质作用可以分为两大类：外力地质作用和内力地质作用。外力地质作用主要是风化作用、沉积作用、剥蚀作用、搬运作用等。内力作用就是构造运动、岩浆活动、变质作用和地震。

除此以外，生物的活动也会对地球的面貌产生影响，比如植物的生长、动物的活动，特别是第四纪以后，动物中进化出来的"人"，对自然狂妄的"征服"和"挑战"。

外力地质作用主要在地表或者靠近地表的地壳浅部进行，有时也可能延伸到地下，使地表岩石的组成发生变化，也改变着地表的形态。内力地质作用主要在地下进行，并常常波及地表，这种作用使岩石圈分离、变位、漂移、融合、碰撞，使地层变形，大地构造格局发生重大变化。同时也促进化学元素的融合和矿物的形成。这两种地质作用是相对独立的，但多数是相互作用、相互配合的。比如，内力地质作用形成高山和盆地，而外力地质作用则把高山削低，把盆地填平；一个地区的地层隆起来，相邻的地层常常会拗下去；高山上的岩石连带着其中的矿物被风化、侵蚀而破碎，这些破碎了的残迹物质又被搬运到另外的地方沉积下来，形成新的岩石等等。地质作用就这样改变和重塑着地球。

⬆ 地质运动的力量使岩层直立，风化作用使阿尔及利亚撒哈拉腹地的塔曼拉塞特地区成了迷人的梦幻世界，不深入其景，你是无缘相见的。

有些地质作用进行得十分迅速，如火山、地震、山崩、泥石流、洪水、海啸等，有些地质作用却进行得十分缓慢，"人"的感观难以觉察，但经过悠久岁月却能够造成巨大的地质后果，如大陆的漂移，矿物的形成，沙漠变绿洲、绿洲变沙漠，大海浸泡了陆地、高山沉入了海洋等等。从地球成长的角度看，地质作用是促进地球不断新陈代谢、弃旧更新的经久不衰的动力。

　　知道了这些现象，我们就更容易了解我们脚下的土地了。

◀ 北极点的下面是冰冷的海水，上面是浮冰，自从地球形成，这里从来没有出现过陆地。

12

生命的祖先
The Ancestors of Life

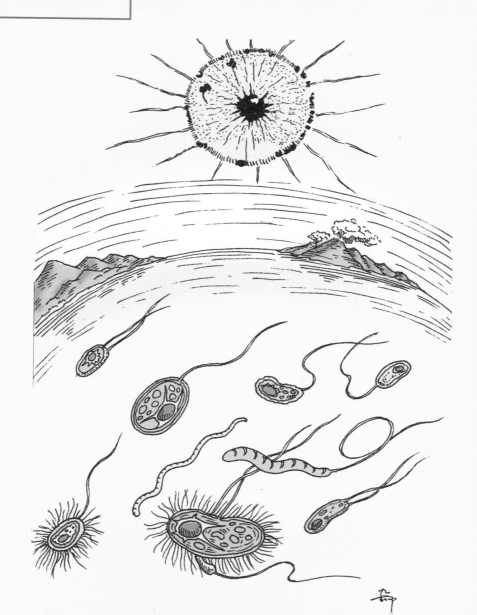

⌃ 澳大利亚太古代的地层，沉积了丰富的氧化铁，品位很高，是澳洲的"鞍山式铁矿"，是大自然馈赠的财富。

地球上最早的岩石，是地质学家在加拿大和格陵兰发现的。2001年，在加拿大鉴定了地球上最古老的岩石。这是一种绿岩，形成时间大约在距今38亿年到42.8亿年以前，也就是地球早期的"冥古宙"时期。

　　直到现在，云南还没有出现过25亿年前即太古宙时期直至冥古宙早期的地层。

　　地球从10亿年到21亿年进入了太古宙，人们也常常称为太古代。太古代是地球成长历史上的一个重要时期，这个时期大约经历了11亿年。那个时候，地球上已经形成了薄而活动的原始的地壳，出现了大气圈、水圈，孕育和诞生了最原始低级的生命。经过几十亿年的岁月，太古代的地层依然残留在地球的许多地方。

❯ 采自于格陵兰西海岸康克鲁苏阿克的一块硅镁铁岩标本，他的年龄至少有35亿年。

⏷ 这块澳洲氧化铁的品位超过了60%。

在太古代，地球表面虽然已经有了岩石、水和大气，但他们的性质和规模跟后来的完全不同。由于岩浆活动强烈，又没有植物进行光合作用，所以大气中的二氧化碳含量比后来高，海水中盐的含量则比现在低。在这种缺氧的还原环境里，低价的铁元素很容易富集。所以在太古代的地层里沉积了丰富的铁矿，这种铁矿品位低但层位稳定，储量大，常常形成大型甚至特大型矿床。这就是"鞍山式铁矿"。在世界很多地方的太古代地层里，都找到了这种"鞍山式铁矿"。在中国宁夏、内蒙古、吉林、山东、安徽以及吕梁山、太行山地区的太古代地层里，地球也照样孕育了一批"鞍山式铁矿"。

太古代的地壳厚度还不厚，也没有后来的坚固和复杂，所以地幔的热流物质容易沿着地层裂隙漫出地表，和硬砂岩、泥岩一起，经过变质形成一套特殊的"火山沉积组合绿岩带"。这套岩石里往往可以找得到金矿和其他的贵重金属矿。1994年，我在西澳大利亚的这套地层里，就圈定和评价了这种类型的一个金矿。

在太古代的时候，地球表面的大部分被海洋所覆盖，海底岩浆的喷发和溢出活动频繁而激烈，地壳长期处于不稳定的状态。当时陆地的面积很小，也很分散，但是，无数的岩浆活动、构造运动，使岩石普遍发生变质作用，以及和其他种类的岩石相混杂，改变了原来的岩石性质，产生"混合岩化"，并使岩层弯曲、褶皱，变得更加难以辨别。

年轻的地球，在太古代时期十几亿年的时光里，地层经过岩浆的喷出、浸入、变质、混合以及许多的构造运动，一些地方开

知识拓展
Knowledge Extension

非洲大部分地区都有前寒武系地层，但经过了程度不同的变质。而南非的寒武系地层发育最全。在斯威士兰、津巴布韦有非洲出露最老的岩层。这套岩层的下部是一套超镁铁质为主的火山岩。著名的科马提岩即产在斯威士兰的科马提组中。超镁铁岩又叫硅镁铁岩，同位素年龄为35亿年，是地球的原始基性地壳出露出来的古老岩石。斯威士兰地层上还覆盖着一套几乎未变质的沉积火山岩，年代为30亿~17.5亿年。这里的晚元古代地层里，有保存得很好的腔肠动物门化石。

⌄ 同样在太古代，澳大利亚的西北海岸边，沉积了优质的铝土矿。

始慢慢地固结、硬化，终于在太古代的晚期，地球表面的几个地方结成了稳定的地壳基底地块——"陆核"。"陆核"是大陆地壳构造发展的第一个阶段，也是后来地壳板块的基础，是托起现代大陆的脊梁。

◆ 加拿大地盾的古老岩石。

在太古代的中期以前，也就是地球诞生初期的前15亿年里，地球上还没有生命，到处是一片荒凉死寂，只有火山爆发的隆隆声和陨石撞击地面的爆炸声打破寂静。伴随着地球地壳的成长和固结，地球上有了水和大气，最原始的生物——菌类和藻类出现了。

在南非太古代地层里发现的"超微化

昆明附近寒武纪前期地层中的小型卵化石。

石"，是地球上最早的生命，他们产生于32亿年前，即地球进入了15岁时候的海洋里。这些"超微化石"都是单细胞的，要在显微镜下才能观察到。但他们是地球上生命的祖先，也是目前已知的地球上最古老的生物化石。人们把他们起名为"古杆菌"和"巴利通球藻"。这些小生命只是一个个圆形和椭圆形的细胞，没有细胞核。但是，这标志着，地球开始了从无生物生命到有生物生命的过程，"古杆菌"和"巴利通球藻"不仅是后来"澄江帽天山动物群""澳大利亚埃迪卡拉动物群"和"加拿大布尔吉斯页岩动物群"的祖先，还应该是以后地球众生的真正始祖。植物、动物以至"人"的生命源头，就是这种活跃在32亿年前海洋里、肉眼还难以看到的微小细胞。

5亿多年前的藻类化石，是一切有机生命的祖先。

这不仅是地球发展史的重大事件，也是宇宙星体发展史中已知的唯一事件。根据研究，这种细菌形式的生命可以在范围不大但温度较高的水里出现。所以，只要具备了"范围不大但温度较高的水"的条件，就可能产生生命。这就使好奇的人们产生了遐想：在茫茫的宇宙中，去寻找这种具有"范围不大但温度较高的水"的星球，去寻找自己的伙伴。所以，"人"确实是万物之灵，不断地探索和创造，才是他们真正值得骄傲的。如果在探索和创造的同时，能够更加亲近自然，爱护自然，与自然和谐相处，那就真正找到了生命的本质。

13

海底的云南
Yunnan at the Bottom of the Sea

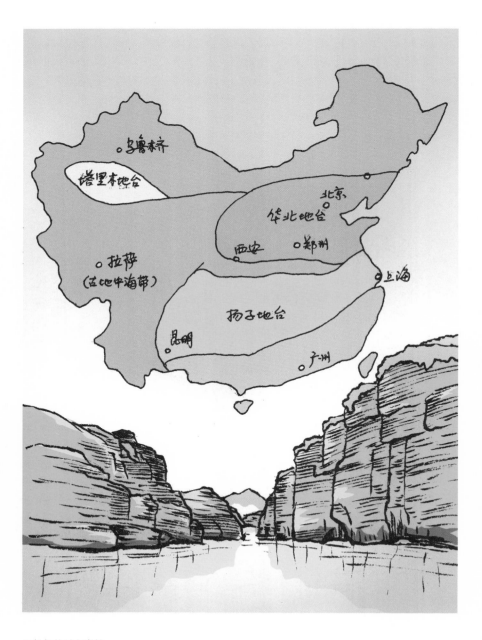

地球成长到了21岁，即21亿年的时候，进入了元古代时期。元古代共经历了19亿年还多的悠久岁月。直到距今5.43亿年时，进入到古生代寒武纪。

元古代的时候，云南这片土地还是一片汪洋，没有陆地。但是陆地的基础正在海底慢慢形成。这个时候发生了一次地球历史上著名的地质运动——"晋宁运动"，因为这次运动的证据首先在云南的晋宁发现而得名。后来，"晋宁运动"就成了地质学家们公认的称呼，在地球上，凡是在这个时期发生的地质运动，都称之为"晋宁运动"。这又是发生在云南的重要的标志性地质事件，具有和划分震旦系—寒武系界线的"云南晋宁梅树村层型剖面"以及和标志着"生命大爆发"的"澄江帽天山前寒武纪动物化石群"具有同等重要的科学意义。

像通过化石可以断定沉积地层的年代一样，地质学家们通过组成岩浆岩的各种矿物结晶颗粒的大小，也可以推断出岩浆岩喷出时的温度，并参照和岩浆岩并存的沉积岩的地质时期，就可以断定出岩浆岩形成的年代。所以，地球上的岩浆活动也是可以分出

知识拓展
Knowledge Extension

地质学家认为，由于地球内部热能的不均匀分布，引起了物质的对流运动，使岩石圈破裂成为板块。板块形成后继续运动，发生分离、碰撞。地幔中的熔融物质则沿着板块间的拉张断裂挤入，并向断裂两侧扩展，形成新的洋壳。而部分板块则随着载荷它的软流圈物质，向下移动而消失于地幔之中。在这个过程当中，地壳表层发生位置移动，出现断裂、褶皱，引起地震、岩浆活动和岩石变质等地质作用。远古时期，这些活动，大部分都发生在海洋里。

时间顺序和不同期次的。岩浆活动是地质构造运动的重要动力来源之一。岩浆活动的期次往往也可以表明地质构造运动的期次。

科学家们公认，在地球历史上，陆核形成以后，重要的、大规模的地质构造运动可以划分为6个阶段，或者分为6期。这6个阶段或者6期里，又可以再分为若干的阶段或者若干的期。"晋宁运动"是第二个阶段。之前的第一个阶段叫作"吕梁运动"。"晋宁运动"开始于元古代的中期，持续到元古代晚期，经历了大约9亿年。

将近10万年以前的"晋宁运动"使这套岩石变形，当然，这一切都发生在海底。

13
海底的云南

有趣的是，"晋宁运动"是一位叫作米士（Mish）的德国地质学家在1942年发现并命名的。那一年，米士在云南的晋宁发现，这里的中元古代时期，由沉积形成的砂岩地层是弯弯曲曲的，跟通常认为沉积岩层应该是水平的看法完全不同。而和这套沉积砂岩层紧紧连在一起的，又是一套从峨山方向涌来的花岗岩，两套岩层的水平挤压，使原始岩层发生了强烈的变形，在漫长的地质历史中，又发生了强烈的变质。是什么力量使这里的水平地层变得弯曲呢？又是什么原因使这些沉积岩变质呢？米士认为，这种岩层的变形变质现象，可能是一次由两个不同的地

◆ 从海底隆起的"滇中古陆"，现在的最高峰云岭，在云南省昆明市东川区境内，海拔4434米。

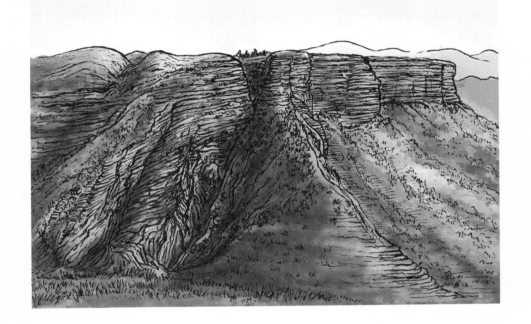

块碰撞并伴随着高温而产生的地壳褶皱和造山运动。后来的地质成果表明，今天的云南晋宁一带，在元古代的中期，大约距今18亿年的时候，确实有两块古老的地块在这里相遇，造成了地层的强烈褶皱，改变了地层的形状。隆起的部分，就成了后来的山。所以，"晋宁运动"也是一次造山运动。

云南早期薄弱的地壳，经过这次地质构造运动以后，部分地区因为褶皱使地层加厚、隆起而成为后来的陆地；而有的地区则因为拉伸而发生断裂，变成沟壑。"晋宁运动"形成了"滇中古陆"和"滇东拗陷"。

⌃ 云南最早的断层，在昆明以西禄劝的山脉，由北向南从金沙江边一直延伸到峨山、通海，化解了大地的物理应力，避免了大的地震对昆明盆地的影响。

"滇中古陆"就是现在的昆明、玉溪、楚雄一带，这是云南最早的土地。"滇东拗陷"指昆明的东部、曲靖、文山的一部分地区。在隆起和拗陷的边界，从南到北，还在年轻的地层上产生了一条缝，就是后来的元谋—绿汁江断裂。这是云南最早的一条断层，这条不太长的断层只有不到100千米长。但断裂的两端直到现在还不稳定，经常会发生一点抖动而造成地震。

　　太古代时期形成的"陆核"是大陆的地壳构造发展的第一个阶段。"晋宁运动"使"陆核"的形成进一步扩大，成为规模更大的地质稳定体。在几亿年的时间里，伴随着"晋宁运动"，地壳上沉积、喷发、侵入、

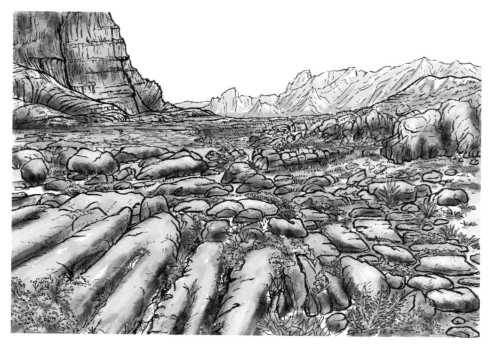

🔺 这些灰岩是3.5亿年以前的石炭—二叠纪期间在海底沉积而成的，现在广泛地分布在滇中、滇南地区。

挤压、褶皱、变形、固结等大规模的构造运动反反复复地进行着，一些扩大了的"陆核"更加稳定。大陆的地壳构造发展进入了第二个阶段，地球上出现了8个大规模稳定的"地台"，由"陆核"演化而来的这些"地台"，就成为后来几大洲的基底。在这8个"地台"里，就有一块"中国地台"，但是，"中国地台"并不是现在的范围，没有现在中国的范围大。"中国地台"包括了现在的两广、两湖、川东、贵州及中南半岛北部即越南、老挝、缅甸的一部分。"中国地台"的一角，就是云南。后来，"中国地台"又进一步发展成为"华北地台""塔里木地台"和"扬子地台"。云南又成为"扬子地台"的一部分。"扬子地台"的范围从滇东经四川、贵州、湖北到江苏、浙江沿海和越南北部。一条巨大的断裂，叫作"红河断裂"，成了"扬子地台"西南部的分界。因为这个范围内有长江的干流覆盖，所以地质学家们叫作"扬子地台"。

在"晋宁运动"的影响下，云南地块形成了五个大区的基本框架，即扬子区、滇东南区、中甸区、兰坪—思茅区和贡山—腾冲区。"晋宁运动"使云南的地球发展史进入了第二期——拗陷期。

当然，这个时候的云南，还被涛涛的海水所覆盖，但是他已经在经历着新的变化，进入了下一个发展时期。

14

揭开地球秘密的人
Those Who Reveal Secrets of the Earth

作为一个地质工作者，需要掌握很多知识，这些是基本的专业学科。

元古代时期的地球，藻类植物逐渐繁盛，他们通过光合作用，吸收大气中的二氧化碳，放出氧气，使地球的大气圈、水圈从缺氧发展到含氧，促进了化学的变化和生物的进化，沉积了红色砂岩，孕育了赤铁矿层。云南的土地，在这个时候就开始发红。

元古代经历了19亿年还多的漫长岁月，火山活动、宇宙尘埃带来的物质在水底沉积成了厚厚的盖层。在云南的有些地方，这样的沉积盖层，厚度超过了10千米。这个时期形成的岩层里，有两套重要的岩石组合，为后来的云南人准备了财富，这就是"昆阳群"和"大红山群"。

"群"是地层岩石的单位，好几层时代不同而又相连在一起的岩石，构成了成套的地层组合，这种地层组合就被称为"群"。"群"的下面，又可以分为"组"，比如"昆阳群"的"梅树村组"，"大红山群"的"新平组"，"哀牢山群"的"阿龙组"等等。在"群"出现的地方，人们就用出现地方的地名为"群"命名。所以，"昆阳群"就是指在昆阳为主的地区出现的一套地层；同理，"大红山群"也就是指在新平大红山为主的地区出现的一套地层。在地球的其他地方，同样的一套地层，"群"的命名也不一样。但只要地层组合相同，就可以根据另一个地方的"群"的地层组合和地层时代，来确定这一个地方的地层组合和地层时代。

这样就可以知道，这些名称不同的"群"，地层的组合和地层的时代是否相同。

"群"很重要，对人有用的矿产就潜藏在"群"里。虽然"群"的分布地方不同，但只要"群"相同，他们当中就可能潜藏着相同的东西。元古代时期在云南形成的"群"很多，"昆阳群"和"大红山群"是其中最主要的。

"昆阳群"形成于元古代的中期，集中地分布在两个地区：一是武定向南，经昆明、玉溪到元江、石屏，南北长230千米，宽度从北到南，从20千米扩大到100多千

⚫ 也许，红色是"昆阳群"的主调。

米；另一个在东川，南北长50千米，东西宽70千米。另外，在曲靖地区还有零星的"昆阳群"露出地表。

　　"昆阳群"的地层主要是板岩、石英砂岩、火山碎屑岩、角砾岩。这些生疏的名字，其实是指他们形成的岩石形态或者岩石成分。"板岩"使人联想到木板，厚厚的，纤维很平整；"砂岩"就是砂粒固结而成的岩石；"火山碎屑"比较好理解，就是火山岩石破碎后固结而成的岩石；"角砾"的形状不规整，大小也不相同，他们是破碎的岩石，没有经过进一步的风化和打磨，就胶结压固而成了岩石。这套"昆阳群"地层颜色

❤ "昆阳群"的典型地貌，植物也有一定的特殊性，由于地层土壤不厚，庄稼多以玉米、豆类为主。

多为红色、棕黄色、黑色，也有绿色。"昆阳群"孕育了丰富的铜、铁、磷等矿产。

地球成长到了近代，"人"进化以后，按照活动的地域、生活的族群、分化的种类等等因素，组成了不同的"国家"。"国家"的存在，只有几千年的历史，和生物进化、地壳演化的历史相比，完全可以忽略不计。但是，"人"的活动，却使地球发生了巨大的变化，至少，地球表面的一些地区，因为"人"的活动而改变了面貌。"人"的聪明，已经可以了解到地球成长的许多秘密，并把地球46亿年孕育的许多东西，开发成为财富，用来帮助"国家"的发展，"人"也在发展中继续进化。

在"人"进化以后形成的"国家"当中，有一个就是"中国"，云南就是中国的一个省。这里的人很勤劳，也很聪明。早在两千年前的汉代，就在东川挖矿，把一种黄澄澄的石头烧化，做成工具。这种黄澄澄的石头就是铜，孕育在元古代中期的"昆阳群"地层中。两千年来，东川逐渐成为中国主要的产铜基地之一。

伴随着进化，"人"对自己脚下的土

知识拓展
Knowledge Extension

1638年到1640年，徐霞客从贵州来到云南，游历考察了滇东、昆明、滇西的许多地方，不仅欣赏了风光、体察了民俗，还对这些地方的地貌、水文、岩溶、地热、火山、河流、湖泊等进行了详细的观察，留下了详细、珍贵的记录。读《徐霞客游记》，就像读一本野外地质笔记。徐霞客不仅是旅行家，还应该是一位地质学家，而且还是最早对云南进行野外地质调查的老地质队员。

🔺 莱伊尔的学说虽然产生在将近两百年前，现在仍然是地质科学的基础。

地一直怀着浓厚的兴趣，总想对他有更多的了解。直到500多年前，标志着科学与文化转折点的欧洲"文艺复兴"以后，岩石学、矿物学、古生物学、地层学、冰川学、大地构造学、地球化学等等学科逐渐诞生，"人"对地球的秘密才开始有了比较科学的解释。1815年，世界上第一张地质图被绘制出来。1829年，一位叫莱伊尔的31岁的英国毛头小伙子，出版了他的《地质学原理》，标志着地质学的正式诞生。1831年，同样是英国毛头小伙子的达尔文，带上了《地质学原理》，开始了他历时5年的环球旅行。那年，达尔文才22岁。旅行回来，达尔文出版了《物种起源》。这本书奠定了进化论的基础。18世纪以后，科学伴随着探险，使更多的人走向了世界。地质学家就是一批想揭开地球秘密的人。

云南东川的铜矿吸引了很多人。1873年以后，一些欧洲人来到了东川。1914年，成立不久的国民政府，就派出了最早的地质学家丁文江先生来东川进行地质调查。一百多年来，无数人们的努力，不仅在东川找到了200多万吨的铜矿，并且明白了和地层、构造、地质年代的关系，总结和建立了"东川式铜矿"的典型。典型的建立扩大了找矿的思路和成果。在"昆阳群"的地层里，还找

1911年，丁文江在英国格拉斯哥大学地质系毕业，并获得博士学位。他是中国近代第一位获得地质专业博士学位的学者。丁文江在离开英国回国的途中，经过了昆明，并沿着杨林、马龙、沾益、曲靖去贵州，对沿途进行了地质调查。1913年，民国政府成立了中央地质调查所，丁文江出任所长。第二年，丁文江再次来到云南，考察了个旧锡矿、东川铜矿等矿山，写出了《调查个旧附近矿务报告》《云南东部之地质构造》等报告。

東川的"昆阳群"，孕育了许多著名的铜矿。

到了100多万吨的易门铜矿；元江鸡冠山、禄丰小新厂、禄丰大美厂的铜矿，也都是在"昆阳群"的地层里找到的。从20世纪50年代开始，在50年不到的时间里，在东川、易门、武定、禄丰、元江等地的"昆阳群"地层里，找到了20多处大、中、小型不等的铜矿，而且普遍伴生有金、银。著名的东川拖布卡金矿，也产出在"昆阳群"地层里。"昆阳群"不仅有丰富的铜矿，还有铁、锰等矿产。著名的新平鲁奎山铁矿、峨山化念铁矿、玉溪莫期黑锰矿都是元古代时期在"昆阳群"这套地层里孕育的。

但是，探索没有穷尽，19亿年漫长的地质发展，地球孕育的，绝不仅仅只有"昆阳群"。

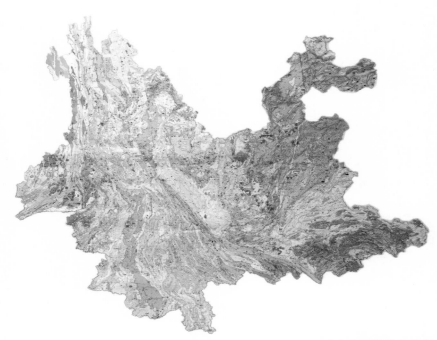

⬆ 无数地质工作者半个多世纪汗水的结晶，云南的地质现象、矿产资源等信息都集中在这张图上。

15

"群"里的财富

The Wealth of the "Group"

⌃ 变质玄武岩,在和其他类型岩石的结合部,往往可以找到有价值的矿藏。

直到20世纪50年代，人们还不知道云南新平县的大红山是一块宝地，埋藏着巨大的财富。

1960年，地质学家里的"物探"专家乘飞机，用"物探"的方法对哀牢山地区进行航空测量。在1000多米的高空，他们惊奇地发现，测量仪器出现了强烈的异常。地面就是新平县的大红山地区，面积达300多平方千米。

知识拓展
Knowledge Extension

　　"物探"是一种重要的找矿手段，是"地球物理勘探"的简称。物质都有磁性，用仪器可以测量出来，磁性的大小能够反映物质的状况。"物探"就是用这种原理，通过专门仪器，研究地质构造，解决找矿勘探中的问题。"物探"根据各种岩石和矿石的密度、磁性、电性、弹性、放射性等物理性质的差异，用不同的物理方法和物探仪器，研究他们的地球物理现象，如地磁场、地电场、放射性场等。探测天然的或人工的磁场变化，了解地质构造和产状，解释地层构造、岩石和矿产的分布情况，为进一步的勘探工作选择靶区，或者验证勘探工作的成果。主要的"物探"方法有"重力勘探""磁法勘探""电法勘探""地震勘探""放射性物探"等。"物探"可以在空中、地面、水下以及钻井里进行。所以，"物探"是地质学家们的眼睛。"物探"学是地质学的一个分支。"物探"专家也就是地质学家。

很快，地质学家根据航空"物探"的异常反映，对地面进行了验证检查，说明地下存在着巨大的磁性物体。他们还在一处河床里发现了大块的磁铁矿石。发现的喜悦使荒山沸腾起来。大批地质队伍开进了大红山。经过二十多年大规模的地质勘探工作，在付出了无数的艰辛和汗水以后，终于在大红山探明了一个大型的铁矿床和一个大型的铜矿床，到得铁矿储量5.3亿吨、铜矿储量170万吨、伴生的金12吨、银84吨，还有铂、钯、钴等稀有贵重金属。大红山铁铜矿矿床规模大，矿体集中，矿石品位高，有害杂质低，容易选矿，现在已经成为云南最大

⌃ 这套元古代早期的地层，是大红山铁矿的母体。

◈ 又发现了一处宝贝——"澜沧群"里的铅锌矿露头。

的钢铁基地原料矿山。勘探工作仍然还在进行，经常还有新的发现。

地质学家们查明，大红山铁铜矿的形成是由于海底火山的喷发，喷发出来的地下物质又在海底沉积，在漫长的地质历史里产生变质。铁、铜等元素逐渐富集，最后成为有用的矿产。这是一套古老的地层，生成在25亿年前的元古代早期，在他的上面，覆盖着2.5亿年前三叠系的地层。要在2.5亿年前"新"地层的下面，找到并确定25亿年前的"老"地层，的确不是一件容易的事。但是，这个从未知到已知的过程，充满了挑战，需要知识、智慧、勇气和耐力，需要"人"和自然的平等交流，需要"人"的团队的合作。这就是地质工作的魅力所在。

最后，地质学家为这套地层起名为"大红山群"。他和"昆阳群"同样生成于元古代，但比"昆阳群"早。"大红山群"生成于元古代的早期。这是出现在云南最古老的地层。因此，应该在新平大红山建立一座纪念碑，告诉人们，这里是云南最古老的地方，这里出露着云南最古老的岩石。

16

云南也有红宝石
The Ruby in Yunnan

◆ 红河地区变质灰岩里的绿柱石晶体，也就是祖母绿矿物，里面还可能找得到红宝石。

云南的元古代还有一套重要的地层叫作"澜沧群"，他出现在云南的云县、双江、澜沧、勐海一带，这里是澜沧江流域，所以这套岩石被命名为"澜沧群"。"澜沧群"的时代和"昆阳群"相当，因为"澜沧群"地层中的一些藻类化石可以和"昆阳群"中的藻类化石对比。但是，"澜沧群"岩石的组成和"昆阳群"不同。"澜沧群"是一大堆变质程度很高的沉积岩，很难排列出时代的次序。这些沉积变质岩处于澜沧江的西边，和东边的地层不同，澜沧江的东边是一大片火山形成的花岗岩。东、西两边地层的界限，产生了一条断层，断层随着陆地的上升露出地表，水从低处的断层上流过，形成了澜沧江。澜沧江大断裂由北向南，对云南的大地构造产生着重大影响。

知识拓展
Knowledge Extension

树化玉产自缅甸，进入云南是近年的事。从古生代中期的石炭纪到中生代晚期的白垩纪期间，在大约2.8亿年的漫长岁月里，大片的原始森林在剧烈的地震、滑坡、塌陷等地质力量的作用下，埋葬于地底。在高压、低温并且无氧的环境下，浸泡于地底二氧化硅的环境中。他们的形状虽然保留了树木的原始特征，变质作用却使树木中的碳元素被周围的二氧化硅替代，这就是硅化木，也叫作木化石。一些硅化木的成分不仅被置换为二氧化硅，还加入了周围岩层中的微量元素，再经过重新结晶，转换为蛋白石、玉髓，这就是树化玉。树化玉是玉化了的硅化木。微量元素使树化玉形成了缤纷的色彩。树化玉是大自然留给人类的瑰宝奇石，对研究产出地远古时期的气象、地理、植物、动物以及地球发展历史都具有难以估量的科研价值。而树化玉一离开本土，离开他出土的地方，这种价值立刻大打折扣，仅留下观赏价值。

"澜沧群"是这条断裂的标志之一。"澜沧群"里，产出了著名的澜沧惠民铁矿等一批矿产。

元古代的早期，地球还为25亿年以后的云南孕育了大理石、红宝石和石墨矿等宝贵的资源。

在世界的很多地方都可以找到的大理石，最初是在云南开发的，所以全世界都把这种深度变质的碳酸岩叫作"大理石"。他洁净晶莹，华贵美丽，因含有不同的化学元素而显出白、绿、蓝、灰、红、棕等美丽的颜色，是宫殿、教堂、纪念碑等历史建筑的

◎ 滇西一带分布着很多变质的碳酸岩，他们是很好的找矿靶区。

最好材料。至今，大理石的建筑遍布世界各地，他们演绎着无数动人的故事。而云南的大理石因为含角闪石、斜长石等矿物而显出黑白相间的条纹，成了天然的山水画，为中国人所特别喜爱。大理石在云南镇雄、屏边、福贡等地都有分布，当然，主要还是产在大理。

近年，地质学家在云南元江县的沙楛村发现了红宝石，他们生长在白色的大理岩里。过去，人们只评价了这里的火山变质岩，经过多年苦苦的寻求，终于在这套岩石中发现了红宝石。元江红宝石现出了粉红、玫瑰红、紫红的美丽色彩，召唤着人们去进一步揭开这里的宝藏。元江红宝石的发现说明：云南也有红宝石，大家不必老是去羡慕缅甸、越南、斯里兰卡，因为云南也有产出红宝石的地层，这就是地质学家告诉大家的元古代"哀牢山群"的"阿龙组"。缅甸、越南、斯里兰卡的宝石，也是产自这套相同时代、相同类型的地层当中。

在元江相邻的元阳县，同样是"哀牢山群"的"阿龙组"地层里，还找到了一个中型的石墨矿床，储量19万吨。

地质学诞生的历史不过一百多年，人们依靠这门科学，更多地发现了地下的宝藏，带动着工业文明的进步。在不断积累财富的同时，也不断地更新和积累着知识。

地质学作为一门综合学科，包括了许多分支学科。这些分支学科，在地质工作的实践中不断地产生、补充和完善起来。地质学的主要分支学科有：结晶学，矿物学，岩石学，地层学，地球化学，地质力学，构造地质

由上至下：1.新鲜的花岗岩，也是一种找矿标志；2.两种岩石的结合部，如果有了地下热液的浸入，就会生成矿产；3.澳大利亚的国宝——欧宝，就生成在元古代的拉斑玄武岩里，也就是澳洲的"澜沧群"。

学，区域地质学，地震地质学，动力地质学，古生物学，地质历史学，矿床学，板块构造学，水文地质学，地热学，石油地质学，工程地质学，海洋地质学，矿山地质学，环境地质学，找矿勘探学等等。其中的一些学科，建立的时间不过几十年，作为一名地质工作者，应该全面地掌握这些知识。虽然，地质学还是一门年轻的科学，但是，这门科学却帮助人们了解了地球，了解了我们脚下的世界，初步开发了地球46亿年积累起来的少量财富。

其实，更应该看到的是，历经了19亿年漫漫岁月的元古代，留给我们的，应该远远不止这些。更多的财富还等待着我们。比起我们已经掌握的，地球上我们还不知道的东西应该还要多得多。我们脚下的秘密，使科学探索的脚步永远不会停止。"人"永远不应该沾沾自喜，永远不应该满足于现状。

17

特殊的"震旦纪"

Special "Sinian Period"

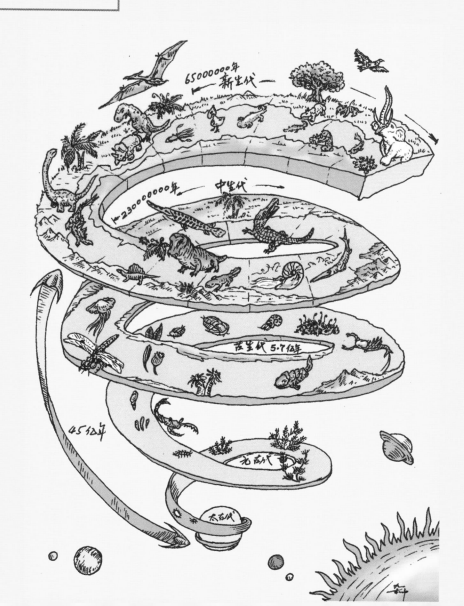

◆ 滇藏高原的一处震旦纪岩层。

大约从39.2亿年到40.57亿年的元古代晚期，地球成长到了"震旦纪"，这个阶段大约历时1.37亿年。"震旦纪"是元古代的晚期，也是"前寒武纪"的一部分。古代的印度，在佛经中对中国的称呼被翻译为"震旦"，有"智慧"的意思。民国初期的20世纪20年代，一位叫作李希霍芬的德国人按照印度人的这种意思，把元古代晚期的这段时期称为"震旦纪"。一些人喜欢上了这个称

◆ "震旦纪"地台上的云南高原。

呼；一些地质学家也认为，从地壳演化、生物演化、古气候等角度，"震旦纪"都代表着一个特定的地质历史时期，并且具有全球的意义，应该单独划出来并专门命名。所以，"震旦纪"是唯一中国自己采用的地质历史名称，到现在已经用了90多年。过去的苏联人也按他们的喜好，把元古代晚期的这段时期称为"文德纪"。但是到了近年，他们也放弃了这个独自的叫法，改用世界统一的命名，把"文德纪"归入到元古代的晚期或者前寒武纪。

1924年，中国杰出的地质学家李四光，在长江三峡地区的地层里发现并建立起了一套完整的"震旦系"标准剖面，用于指导其他地区对"震旦系"的研究。

在"震旦纪"，也是元古代的晚期，经过"晋宁运动"形成的大规模"地台"逐渐稳定，构成这些地台基底的岩石不断加厚并且变质，地幔涌出的岩浆穿插侵入了地壳，加速着岩层的演化。地球当时形成的8个地台中，巴西地台、非洲地台、印度地台和澳大利亚地台在南极附近慢慢拼合，组成一个稳定的联合古陆，叫作"冈瓦纳古陆"。到了4亿多年以后的中生代，"冈瓦纳古陆"又才慢慢地分开，向近代的格局演化。

"加拿大布尔吉斯动物群""澳大利亚埃迪卡拉动物群"和"中国澄江帽天山动物群"都生活在"震旦纪"，也是元古代的晚期。所以，有的地质学家又把这

🔺 美洲中部的"震旦纪"地层，一处塌陷的剖面，露出的岩石和滇藏高原的"震旦纪"岩石相似。

个时期叫作"埃迪卡拉纪"。

　　"震旦纪"时候，曾经发生过一次全球范围的冰川，在澳大利亚、非洲、南美洲、北美洲、欧洲、亚洲以及中国的许多地方都发现了冰川的沉积。这是已知的具有世界意义的地球最古老的一次冰川——震旦纪大冰川。"震旦纪"时期的云南，已经有3块陆地出现在海面，"震旦纪"地层，分布在滇东、滇南、香格里拉、潞西地区。在这些地层里，残留着那次冰川的遗迹。晋宁县的王家湾发现了一套比较完整的震旦纪地层，成了中国南方震旦纪的标准剖面，总厚度达到了1200米，和李四光在三峡地区发现的震旦系剖面可以进行对比，说明那个时期的云南地区和三峡地区是连在一起的，同属于"扬子地台"的大地块。

云南的震旦纪地层里，除了有铜矿以外，还产出了非常优质的石英砂，仅昆明、晋宁、禄丰的4个矿山，就探明了2亿多吨的

❤️ 又是震旦纪！岩性和美洲的同时代地层一样，但是他长在云南。

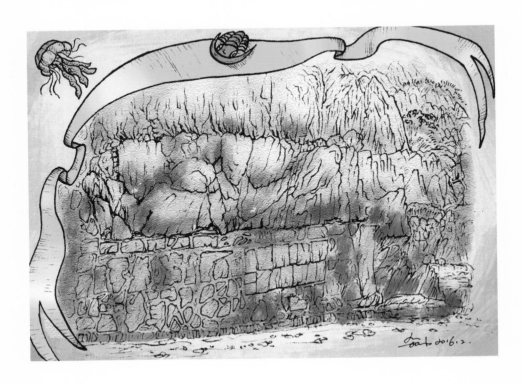

储量，为昆明以及昆明附近的城市建设、基础设施建设提供了优质的建筑材料。不像内地的一些地方，需要从遥远的地方运砂拌水泥。

由于时期重叠，实际上，"震旦纪"的许多地质现象，和"前寒武纪"或者元古代的晚期是一致的。"前寒武纪"发生的一些事情，也就是"震旦纪"或者元古代的晚期发生的事情。看来，发展着的年轻的地质学，有必要把一些观点、习惯在全球的范围内进行统一和规范，使这门学科更加完善和严谨。

🔺 亚利桑那州的东部，火山熔岩覆盖在这片美洲的震旦纪地层上。

[**137**]

元古代以后的地球，进入了古生代的历史，即由"元古宙"进入到"显生宙"。古生代的第一个时期是寒武纪，从寒武纪开始，地球历史进入了新纪元。古生代从40.57亿年到43.5亿年，中间历时大约3亿年。3亿年划分为6个时期，就是寒武纪、奥陶纪、志留纪、泥盆纪、石炭纪、二叠纪。前3个纪又合称为"早古生代"，后3个纪合称为"晚古生代"。这6个纪各自的时间跨度不一样。石炭纪最长，时间跨度5900万年，志留纪最短，时间跨度2800万年。古生代以后是中生代、新生代。古生代、中生代、新生代这3个时代历时5.43亿年，只有此前地球历史时间的大约八分之一。但是，地球在这3个时代里的变化是最大的，"人"对这三个时代的了解也是最多的。新生代的后期，就是我们正在生活着的现代。在46亿年地质历史的链条上，时间跨度5300万年的寒武纪是承上启下的一段。

18

古生代的早期
The Early Paleozoic Era

⚠ 壮丽的昭通大峡谷，完全得益于早古生代的地质运动。

古生代时期的地球，表面的陆地完全不是现在的样子，没有亚洲，也没有云南。在后来是云南的地方，只有一座南北向的小岛，孤零零地屹立在茫茫的水面上。这座光秃秃的小岛就是一直屹立到现在的高黎贡山。滇中及哀牢山以南地区形成的另一座小岛，正随着地壳的抬升，慢慢冒出水面，这就是普洱、澜沧地区，不过，他们后来又沉没到海水里。在古生代的大部分时期，地层的变动、生物的进化，大多都是在地球内部或者水下进行的。

包含了寒武纪、奥陶纪、志留纪3个时期的早古生代一共经历了1.33亿年，和"震旦纪"所经历的时间差不多。

"奥陶""志留"的名称都来自于英国。1835年，有一位英国地质学家在英国东南威尔士地区一个名叫"志留"的古代部族居住的地方发现了一套地层，地层中发现了大量的无脊椎动物、笔石、珊瑚等化石，说明这些生命是生活在一个和以往不同的时代。所以，这位英国地质学家就把这套地层命名为"志留系"。此后，地质学家们对英格兰岛的地质现象和地层加强了研究。在英国的北部，又有一条岩层穿过了北威尔士的山脉，这是一条特殊的岩层，与周围的岩层和已经被命名为"志留系"的地层都不一样，可能来自于一个特殊的历史时期。这条岩层出现的地区，是古代另一个叫作"奥

⌃ 古生代的时候，产生了非洲大陆的基底，并且和大西洋洲连在一起；但是，大西洋洲是后来又沉入了海洋，还是从来没有成为陆地？这一直是人们感兴趣的问题。

陶"的部族居住的地方。1879年，一位英国地质学家就把这套地层命名为"奥陶系"。后来，日本人根据发音，就称为"奥陶"。和"寒武"等名词一样，在中国的清朝末年，"奥陶""志留"等名词传入中国，一直被我们用到现在。

进入了早古生代以后，地球的地壳、气候、地理、生物等都发生了巨大的变化。

早古生代的地球上出现了鱼，说明生物进化进入了脊椎动物的时代。在曲靖潇湘水库附近和寻甸土官村的

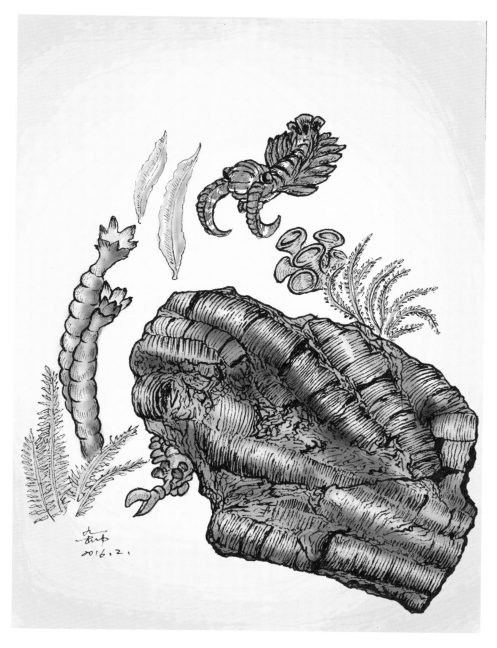

⌃ 不管是植物还是动物，他们都曾经生活在古生代，距离现在5.4亿年到2.5亿年间。在云南的古生代地层里，发现了大量的化石。

"志留系"地层里，发现了大量的鱼类化石，其中有一种称为"总鳍类"的鱼，长着像脚一样的鳍，他们可以在海底爬行，也可以爬到陆地，经过了几亿年的时间，由原始藻类进化过来的鱼，已经可以慢慢地离开海水，踏上陆地，地球就要热闹起来了。蕨类植物也出现在陆地上，使那些最早露出水面的山开始有了一点绿色。植物从水里发展到陆地，是"志留纪"的最大特点，标志着地球开始了新的发展阶段。

早古生代的时候，地球又发生了一次重要的构造运动。地质学家把这次运动称为"加里东运动"。19世纪的末期，地质学家们观察到，从北欧的爱尔兰、苏格兰，一直到斯堪的纳维亚的挪威，是一片起伏不定的连续的褶皱山脉，岩石的变质程度很高。连续的山脉好像一块放在桌子上的平布，被人从两头向中间挤压，形成许多皱纹。这些皱纹高出的部分，就是连绵的山脉。所以，这次褶皱运动，也就是造山运动，改变了地球表面的形象，对地球的演化、海陆的交替形成重大影响。

知识拓展
Knowledge Extension

毫无疑问，高黎贡山是云南以至印支大陆最古老的山脉。高黎贡山处于青藏高原南麓、横断山脉西部相连接的断裂带，属于印度板块和欧亚板块相碰撞的缝合线，也是著名的深大断裂河谷区。奔腾而下的怒江，切割了古老的地块，使高黎贡山和怒江的垂直高差达4000多米。由于年代久远，高黎贡山的山体多为变质岩，下部有大面积的岩浆岩，山顶则是玄武岩。而在高黎贡山的西坡、腾冲境内则有近代火山群分布，说明现今地壳活动仍较剧烈。近代火山，活跃在5亿多年前的古老山脉里？这成了一个令人感兴趣的问题！

⌄ 昆明附近的古生代褶皱。

因为这次地质运动最早是在英国的加里东山地区观察到的，所以就以这座山的名字来称呼。地质学家们认定，"加里东运动"发生在早古生代的寒武纪、奥陶纪、志留纪时期，从寒武纪开始，志留纪达到高峰。在早古生代，"加里东运动"使地层形成的褶皱冒出了水面，扩大了陆地，地球表面的浅海面积缩小。位于南极的"冈瓦纳古陆"不断扩大，地球北方的一些古陆也在慢慢拼合，北美板块和欧洲板块对接，形成了地球北半部最大的陆地——"劳亚古陆"。在两块古陆之间，则是茫茫的"古特提斯海"，也称为"古地中海"。其他的一些地台或者是板块，也都受着"加里东运动"的影响而发生着变化。陆地面积的扩大，必将影响着水里生命的演化，使一个新的时代开始。

◀ 曾经的"劳亚古陆"，现在的科罗拉多高地。

依托着"加里东运动"，地壳抬升，海水退去，云南也慢慢地从海洋里诞生了。今天云南大致的地理格局，就是在早古生代形成的。志留纪中期，"加里东运动"达到高峰，滇西的高黎贡山仍然屹立在海面上，滇中及哀牢山以南地区形成的陆地范围不断扩大。文山已经升出海面，昆明到昭通的大部分已经成为陆地。这个时候，有3块地区还淹没在滔滔的海水里，这就是曲靖、昭通以及德钦—宁蒗—保山和普洱（过去叫思茅）的广大地区。到了志留纪的晚期，地壳局部上升，昭通露出水面，和昆明、楚雄、文山的陆地连在一起。曲靖浅海的范围，也缩小为一条从贵州的威宁到昆明宜良附近的长长的海槽。而从高黎贡山以东到元江的广大地区，还是一片海洋，他们要到更晚的"三叠纪"才能完全成为陆地。

19

当地球披上绿装的时候

At the Time When the Earth Is Turning Green

云南人都应该知道，石林开始形成于晚古生代，距今4.1亿年到2.5亿年间。

至今，人们在奥陶纪、志留纪的地层里，还没有发现大的矿产，奥陶系里含有铁、锆、锰，但贫而分散。志留系里发现含铁、含铜岩层，也不具备利用价值。但是到了晚古生代，情况就不一样了。

志留纪结束了早古生代的历史，地球成长到了晚古生代。晚古生代距今4.1亿年到2.5亿年，中间经历了1.6亿年，比早古生代的时间更长一些。晚古生代经历了3个纪，他们从老到新，即"泥盆纪""石炭纪"和"二叠纪"。"泥盆纪"历时5600万年，"石炭纪"历时5900万年，"二叠纪"历时4500万年。

在晚古生代的这1.6亿年历史里，陆地披上了绿装，地球发生了许多非常有趣的变化。

首先是植物的大发展。地球上的植物，最初以原始形态出现在海水中，元古代以前，从海里抬起的大大小小的陆地上是没有植物的，到处都是枯焦的光秃秃的岩石。到元古代，海水中的藻类空前繁盛。早古生代，"加里东运动"使海的面积缩小，陆地扩大，出现了大面积的低湿平原、洼地和湖泊，为植物走上陆地准备了条件。最早由海里延伸到陆地的植物是蕨类。"志留纪"的时候，海洋里出现了一种叫作"裸蕨"的植物，这种蕨没有叶子，只有枝的分叉；他们逐渐从海里生长到陆地，裸蕨到了"泥盆纪"的时候达到全盛。所以，"泥盆纪"又被称为"裸蕨时代"。但是，到了

"泥盆纪"的晚期，裸蕨却完全绝灭了。一些比裸蕨更高等的植物出现在陆地上。到了"石炭纪""二叠纪"，石松类、节蕨类、种子蕨类、羊齿类等植物全面繁盛，甚至还有科达树、芦木、鳞木等高大的植物。各种植物从滨海延伸到大陆，从边缘发展到内地，陆地出现了万木参天、郁郁葱葱的景象。因此，"石炭纪""二叠纪"又称为"蕨类时代"。这个时期的植物组成了茂密的森林，由于地壳的下降运动和流水的冲刷，森林又常常被掩埋；地壳上升，原来被掩埋的地方又长出了新的森林，周而复始，形成了煤，片片相连，就成了煤层。所以，"石炭纪""二叠纪"是地球历史上最重要的成煤时代。找到了这两套地层，就有可能找得到煤。所以，从"泥盆纪"开始的晚古生代，把地球带进了一个全新的发展时期。

"泥盆"一词也来自于日本，

知识拓展
Knowledge Extension

　　鱼类是地球上最古老的脊椎动物，他们漫长的演化历史，标志着原始脊椎动物从低等向高等的质的飞跃过程；鱼类的发展、演化提供了脊椎动物进化的明显脉络。所以，大部分科学家认为，一切高等动物，包括两栖类、爬行类、鸟类、哺乳类，甚至我们人类自身，都是在此基础上发展而来的。最早的鱼出现在寒武纪，到了泥盆纪时，各种古今鱼类均已出现。泥盆纪时代既可谓是鱼的初生年代，也是鱼的极盛时代。由于其他的脊椎动物还不多，所以地质学家又把泥盆纪称为"鱼的时代"。到了新生代，鱼进化成为脊椎动物中最大的种群，进入了发展史中的全盛期。

🔺 煤就是来自于他们。

是英国一个著名的地方——德文郡的日语音译。1839年，两位英国地质学家研究了德文郡的一套老红砂岩地层，这套更年轻的老红砂岩地层处于志留纪地层的上部，说明他们是在志留纪以后形成的，标志着一个新的地质时代。所以，他们就把这个新的地质时代称为"泥盆纪"。

"泥盆纪"时期，在大地披上了绿装的同时，生物也加速着演化。这时，繁盛于"奥陶纪"和"志留纪"的海里植物"笔石"已经绝灭，生活了两亿多年的三叶虫种类也急剧减少。而代表着脊椎动物的各种鱼类却空前地繁盛起来，现代鱼的祖先，有着硬硬骨架的硬骨鱼已经出现，在"泥盆纪"的晚期，甚至出现了能够用鳍爬行的两栖鱼类，他们开始离开水体，爬上海岸。动物们已经厌倦了深深的海洋，开始向往着广阔的陆地。所以，"泥盆纪"在被称为"裸蕨时代"的同时，又被称为"鱼类时代"。

但是，不知道什么原因，"泥盆纪"时期出现过几次生物灭绝事件，最明显的一次发生在"泥盆纪"的晚期，突然地，生物数量急剧减少，一些动物种类和珊瑚灭亡。这是后来公认的、地球生物6次大规模灭绝事件以前的生物灭绝事件。因为化石记录很少，直到现在，"泥盆纪"时期生物灭绝事件的时间、次数、规模等都不清楚，只是给人们带来了很多有待回答的问题。

❯ 这些蠕虫早就灭绝，他们生活在"泥盆纪"。

"泥盆纪"时期的云南，地壳又缓慢地下降，除高黎贡山一带以外，大部分地区又浸泡在海水里。经过几千万年的沉积，加上火山作用，留下了很多"泥盆系"的地层和矿产。

　　"泥盆系"是云南主要的含铁矿地层，人们找到了武定鱼子甸铁矿、彝良寸田铁矿、砚山芦柴冲铅锌矿、广南木利锑矿。

　　地壳的构造运动还伴随着大量的火山活动，来自地幔的滚烫的岩浆冲出地表，或者沿着地层的裂隙四处蔓延，和周围不同时代沉积的岩石发生着激烈的化学作用，使一些元素集聚起来，成为有用的矿物。在云南"加里东运动"晚期的"泥盆系"地层里，因为这种原因，还产出了德钦尼仁铜矿、施甸水银厂汞矿和元谋朱布铂钯矿。

　　铂是一种稀有的贵金属元素，熔点很高，化学性质稳定，耐腐蚀，用来做仪表、电极、印刷线路、火箭的喷口，还可以做首饰。大自然使云南成为中国第二大的铂钯矿产地。

20

在成煤的时代里
In the Era of Coal-forming

🔺 大家都很熟悉的煤系地层，在滇东和滇中地区很常见。在煤系地层里，常常可以见到各种植物的躯干，有的还很新鲜。

晚古生代的第二个阶段是"石炭纪"，顾名思义，他可能和煤炭有关。

近代的18世纪末，正是依赖于在英国、西欧、北美东部发现的丰富煤层，靠这些煤层里开采出来的煤发出的热量，才使兴起于欧洲的"工业革命"，通过机器大工业生产，带来了"人"的历史发展。这些煤大部分都是"石炭纪"的产物。人们在研究了这些地区的含煤地层以后，觉得他们应该产生于一个比"泥盆纪"更年轻的地质时代，所以，在1822年，"石炭纪"这个名称就首次出现在一位英国地质学家出版的《英格兰和威尔士的地质报告》里。仅仅经过几十年的时间，"工业革命"已经使"人"的世界发生了根本的变化。可以说，地质因素直接推动了"人"的进化和"人"的社会的发展。

距今3.54亿年的"石炭纪"，历时5900万年，这时的云南地面，和"泥盆纪"时期差不多，高黎贡山一直是屹立在海上的陆地，其余的大部分地区，随着地壳的起伏，有时是陆地，生长了茂密的植物，有时又都浸泡在海水里，接受着泥沙的沉积。所以，云南的"石炭纪"地层非常齐全，煤和其他矿产也很丰富。

晚古生代的时候，特别是进入了"石炭纪"，地壳上又发生了一次强烈的构造运动，地质学家把这次运动称为"海西运动"，也称为"华力西运动"。这次运动对地壳的影响，超过了上一次的"加里东运动"。经过后来的"二叠纪"，到了"三叠纪"的早期，"海西运动"使原来在"加里东运动"时期连接在一起的北美古陆、欧洲古陆和其他陆地进一步拼接，形成更为广大、统一的北方大陆——"劳亚古陆"。这时候的地球，就出现了两块古老的大陆：南方的"冈瓦纳古陆"和北方的"劳亚古陆"，而地球表面的其他地方，则是茫茫的"古特提斯海"。在"海西运动"巨大的力量作用下，两块大陆还在慢慢靠拢，他们的局部地方已经相连。再经过几千万年，进入了中生代，两大古陆就连在了一起，形成了联合古陆，后来又称为"泛大陆"。

听起来好像不可思议，但是，我们一定要承认，地球是个生命体，他时时刻刻都在运动。地球的成长，使地壳加厚。古生代的时候，地壳已经比较完整地包在了地幔上面，但地壳并不是像蛋壳那样是一个完全统一的整体，把蛋黄和蛋清封闭在内部。地壳有无数的裂隙，使地内物质向上蔓延，地壳自身也在活动。实际上，大陆和海洋都是躺在一些厚达100多千米的巨大岩石板块上。这些板块浮在地幔滚烫的熔岩上。来自地球内部的力量，使板块移动，也使地壳不断地变化。地壳有时在进行着升降运动，有时又进行着水平运动，更多的时候两种运动都同时在进行。大陆水平运动的速度大约是每年2.5厘米，和"人"的指甲的生长速度差不多。"人"根本感觉不到，但是，时间可以改变一切。按照这样的速度，只需要两亿多年，美洲大陆就可以"跨过"太平洋，和亚洲大陆连在一起。看一下地球仪，你就会发

🔺 在2.5亿年到6500万年的中生代，地球上的联合古陆最终形成并开始解体，"大陆漂移""板块理论"解释了这个现象，德国的魏格纳是这套理论的创始人，他为了进一步证实自己的理论，最后葬身在北极格陵兰岛上的茫茫冰雪里，为科学献出了自己的生命。

现，南、北美洲的东侧和欧洲、非洲的西侧都有形状相似、基本可以拼合的海岸线。1921年，德国气象学家魏格纳提出，在地质时代，各个大陆曾经像一幅拼图一样联合在一起，后来，这片巨大的拼图裂开成一些板块，最后漂移成现在的几个大陆。当这些板块漂移和碰撞的时候，会造成火山和地震，使高山隆起，地壳下陷。板块的边缘就会形成地面山脉、海底山脊、大洋海沟和地球表面巨大的峡谷。"海西运动"和后来的其他运动不断地改变着地球，所以，现在地球表面60%的状况，都是在大约两亿年前开始的时间里形成的。这两亿年，还不到地球历史的二十分之一。魏格纳的观点，后来成了"大陆漂移说"。

所以，"石炭纪"时期，淹没云南大部分地区的海面，都是"古特提斯海"的一部分，而高黎贡山到腾冲—保山一带的陆地，则可能是"冈瓦纳古陆"边缘的地方。

"石炭纪"还有个别名叫作"巨虫时代"。由于植物繁茂，大气含氧量很高，"石炭纪"时的陆地上，除了生活着两栖动物外，还出现了昆虫，出现了有人的头一般大小的巨型蜘蛛，出现了长达3米、像蜈蚣一样的巨型"马陆"，还有翅膀长度超过1米的巨型蜻蜓。这种蜻蜓还在不断长大，到了"二叠纪"，翅膀的长度超过了3米。

"泥盆纪"时期的生物事件，使一些物种消失了；到了"石炭纪"，又出现了一些新的物种，海洋里的鱼类在迅速地进化，近代的鱼已经开始出现。海里还生长

着一种像百合花一样的动物，最大的超过了1米。人们把他叫作"海百合"。此外还有一种叫作"䗴"的单细胞动物，身长可以超过10厘米。

云南的"石炭纪"时期，在滇东南、滇东北、丽江、保山、普洱、香格里拉地区都沉积了大面积的白云岩、页岩、泥质岩、石

⬡ 石核，也叫石胆，由于分子结构的不同，导致了密度和重力的不同，在地质作用的运动过程中，在地层里形成结核，他们是地层的"肿瘤"，和动物肿瘤形成的原理完全一样；在很多含金属的地层里都可以见到，煤系地层里最为常见。

灰岩以及火山活动穿插在这些沉积岩里的玄武岩，有的沉积厚度超过了3千米。在这些地层里，人们找到了梁河来利山、腾冲小龙河锡矿，腾冲红岩头锡多金属矿，普洱大平掌铜矿，新平白马寨镍矿以及昆明、沾益、宣威地区的石灰石。沉积加变质，"石炭纪"时期还生成了缅甸北部靠近云南地区的"树化玉"。"石炭纪"时期的煤在云南也很丰富，在"石炭纪"早期的地层里，人们开发出了宜良万寿山煤矿、嵩明四营煤矿。除了有色金属以外，云南还是一个煤炭大省，是中国在长江以南的第二大产煤省。从"石炭纪"开始，一直到近代的"第四纪"，所有成煤时期的煤，在云南都有发现。大自然确实让云南成为一块宝地。煤的形成需要千万年甚至上亿年的时间，而且，大约20多份的植物躯干，挤压沉积后才可能变成一份的煤。今天，我们烧掉了1吨煤，实际上等于烧掉了古代20多吨的植物。所以，"人"对自然资源不仅要节约，对自然的造化，更应该感恩。

21 生物的第一次大规模灭绝
The First Large-scale Biological Extinction

🔺 滇东北的石灰岩

1841年，命名了泥盆系地层并和另一位地质学家一起命名了石炭系地层的年轻地质学家麦奇逊，来到了俄罗斯的乌拉尔山，他在这里发现了一套含有很多化石的黑色页岩地层，这套地层和他以前命名的石炭系地层不同。他们覆盖在石炭系地层的上面，说明比石炭系地层更年轻。麦奇逊就按照附近城市波尔姆的称呼，把他发现的这套黑色页岩地层称为"波尔姆"。几十年以后，在德国发现了同样的一套地层，但是这套地层明显地可以分为两个部分，好像是两套不同的地层叠加在一起。于是，聪明的中国人就按照这个意思，把麦奇逊命名的这套地层称为"二叠系"，当然，形成"二叠系"地层的时代就是"二叠纪"。

"二叠纪"历时4500万年，这时，"海西运动"还在进行，"劳亚古陆"正在形成，火山活动和造山运动都十分强烈，诞生了一些著名的山系，比如北美的阿巴拉契亚山系、科迪勒拉山系、连接亚洲和欧洲的乌拉尔山系。"二叠纪"末，"劳亚古陆"的很多部分已经露出水面，但中亚一直到中国的南方，包括"扬子地台"的大部分仍然浸没在海洋里。这时的云南，大部分地方在"古特提斯海"的海洋里，只有高黎贡山、滇中地区以及云县—临沧一带，成了冒出海面的一串群岛。

"二叠纪"时期的云南，经历了缓慢的海陆交替变化，东部一带曾经是滨海，有的地方还上升为沼泽，在

沼泽里沉积了铝土矿、耐火的黏土和煤层。
到了"二叠纪"的晚期，地壳又缓慢下沉，
海水变深，沿着东川—嵩明—宜良一线，海
底张开，产生了裂谷，大量的岩浆从地幔中
沿着裂谷溢出，冷却后在海里堆积成了厚厚
的玄武岩。一些岩石的碎屑和动物的残骸堆
积成了石灰岩。"石林"的原料就是在这个
时候开始产生的。所以，地质学家又把"石
炭—二叠纪"时期连在一起，当作云南地质
发展史的第三期——"裂谷期"。后来，地
壳缓慢上升，海水向东退去，曲靖、昭通一

◎ 香格里拉"二叠纪"时
期的玄武岩，玄武岩也可
以看作是"无矿标志"，
因为金属分子很难在这种
岩石里聚集，从而发展成
矿产。

带成了滨海沼泽，植物迅速繁盛，形成了大量的煤层。而"二叠纪"时期的滇西，基本都在深海里，堆积了成片的玄武岩，开始有了海底锰结核。在高黎贡山西坡的腾冲一带，沉积了厚度超过1千米的石灰岩。在凤庆—临沧—勐海一带的滇中古陆西边边缘，局部地块已经露出海面，成为沼泽，这些沼泽很快地又沉到水里，但沉积变质的时间不长，沼泽形成的煤层范围小，质量也不高。所以，这就决定了近代滇西、思茅（现为普洱）、西双版纳少煤的状况。

在"二叠纪"时期，因为"海西运动"引发的多种地质活动，使云南生成了丰富的矿产资源。在"二叠系"的地层里，有宣威宝山、羊场煤矿，富源恩洪、老厂煤矿，泸西圭山煤矿，镇雄煤矿这些著名的大型煤矿。还有宣威格学、鹤庆小天井锰矿、建水荒田、罗平富乐厂铅锌矿、罗平阿东、镇雄黑树庄、威信顺河黄铁矿、富民老煤山、呈贡马头山、安宁耳目村、西畴芹菜

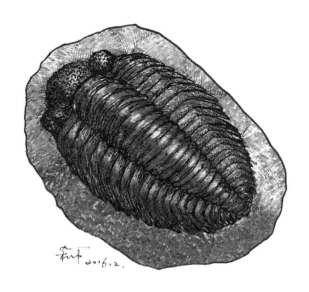

尽管已经灭绝，三叶虫在地球上生活了将近3.2亿年，他们种类繁多，遍布全球，这只北美三叶虫和云南的三叶虫长得很像。

塘铝土矿。近年，在德钦羊拉，还找到并开发了一座大型铜矿——羊拉铜矿。羊拉铜矿就是岩浆热液浸入"二叠系"地层里变化形成的，铜矿品位超过了百分之二，储量超过130万吨。大自然的慷慨和对云南的厚爱，在"二叠纪"时期特别突出。除了人们已经找到的这些矿产以外，一定还有更多的地下秘密在召唤着我们。

"二叠纪"时，生物界有很大的变化。裸子植物出现，他们可以通过花粉繁衍，这就使已经露出海洋的陆地，在气温适合的条件下，更加迅速地披上绿装。高大的植物又为动物的繁盛、演化提供了场所。两栖动物活跃在森林边的水里。陆地上爬满了从"石炭纪"开始进化而来的爬行动物。昆虫的体型还在长大，蜻蜓的翅膀长到了3米。而生活了将近3亿年的小小的三叶虫却完全灭绝了。

我们知道，"泥盆纪"的时候，地球上曾经发生过生物灭绝的事件，一些物种消失了；但是，这些灭绝事件的时间、范围以及次数都不太清楚。而在"二叠纪"的末期，发生了地球有史以来的第一次生物大规模灭绝事件。96%的物种灭绝，其中包括了95%的海洋生物、75%的陆地脊椎动物。这些灭绝了的物种，至今人们只能在化石里看到他们的短肢残骸。当然，这次灭绝并不是一天之内发生的，事件延续了30多万年。是什么原因造成了这次事件？科学家们说法不一，有的认为是气候变化，有的认为是大陆漂移，也有的认为是火山爆发，甚至是行星撞击。没有一个圆满的解释。但灭绝事件是客观存在的。而且，由于统一的"联合

"二叠纪"的巨型蠕虫，在滇西和缅甸的同时期地层里很容易找到，甚至"树化玉"的躯干里也有他们的化石。

大陆"的形成，内陆的一些地区离开海洋更远，空气干燥，水分缺乏，干旱加速了地面的风化，于是，地球上首次出现了沙漠。

"二叠纪"的生物灭绝事件说明：事物的发展有渐变，也会出现突变。就像人在一生的成长中，也会遇到挫折。这是自然的规律，谁也无法违背。在此后的地球发展历史中，类似的事件还在发生，以后也必然会出现。但是，"二叠纪"末期的这次生物大灭绝事件，确实可以为科幻小说和科幻电影提供丰富的素材，也能为好奇的人们提供无穷的想象空间。

◇ 马里、尼日尔接壤处的撒哈拉沙漠。这些白云岩表明，这块土地确实是形成于晚古生代。

22 中生代开始的时候

The Beginning of the Mesozoic Era

QUATERNARY PERIOD

TERTIARY PERIOD

CRETACEOUS PERIOD

JURASSIC PERIOD

TRIASSIC PERIOD

PERMIAN PERIOD

PENNSYLVANIAN PERIOD

MISSISSIPPIAN PERIOD

DEVONIAN PERIOD

SILURIAN PERIOD

ORDOVICIAN PERIOD

CAMBRIAN PERIOD

PRECAMBRIAN

⬙ 芝加哥自然博物馆里的地质年代发展示意图，形象地展示了中生代生物的进化。

从"寒武纪"开始的古生代到"二叠纪"结束，前后6个时段，一共经历了2.93亿年。这时候，地球已经有43.5岁了。地球上唯一的大陆——"联合古陆"基本形成，物种进行了更新。送走了过去的历史，一个新的时代正在诞生。古生代结束的时候，中生代来了；后面紧接着的，就是离我们最近的新生代。中生代开始，地球进入了更加丰富多彩的生命阶段。中生代离现代虽然最近，但距今也有2.5亿年。中生代时期，前后共经历了1.85亿年，比古生代经历的时间还短了将近1.1亿年。中生代分为三个纪，就是"三叠纪""侏罗纪"和"白垩纪"。这些名词，大概是人们最熟悉的地质年代名称了。电影《侏罗纪公园》告诉了大家很多中生代的故事。在中生代，后面的"白垩纪"经历时间最长，有7200万年；开始的"三叠纪"历时最短，有4500万年；中间的"侏罗纪"则经历了6800万年。

　　中生代的时候，地球面貌发生了很大的变化，"联合古陆"完全形成并开始又走向解体；爬行动物全面繁盛又突然灭绝；植物向更高等种属进化；地壳不断上升，海水慢慢退去，云南结束了海水浸泡的历史，陆地逐渐稳固，高原雏形开始孕育。云南的地质发展史进入了第四个阶段——"造陆期"和第五个阶段——"陆盆期"。

　　"三叠纪"，是1834年由一位德国地质学家命名

的，他把在欧洲普遍出露的一套有三层红色砂岩组成的岩石称为"三叠系"。所以，形成这套"三叠系"地层的时代，自然就是"三叠纪"了。在"三叠系"地层的下部，是一套在"二叠纪"时候形成的白色石灰岩，而在"三叠系"的上部，则是一套黑色的页岩，显然来自于另一个更加年轻的时代。代表"三叠纪"的典型的红色砂岩说明，那个时候的气候是干燥的，没有冰川的遗迹，地球的南北两极没有陆地，也没有浮冰。

"三叠纪"也被称为"裸子植物"的

时代。植物的进化，从太古代开始，经过了5个主要阶段。裸子植物是第四个阶段。前三个阶段是菌藻类阶段、裸蕨植物阶段和蕨类植物阶段。裸子植物是经过前三个阶段才进化而来的。"三叠纪"时期，植物从蕨类时代全面发展到了裸子植物的时代。裸子植物的种子是没有外壳的，也没有果实包裹，不需要像苹果一样，咬开果肉才能看得到种子。因此，裸子植物非常容易繁殖，所以地球到了"三叠纪"，陆地上到处是高大茂密的苏铁、松柏、银杏。银杏当中的一个种群，一直生活到现代，成为植物的活化石。在云南，现在还到处都能看到他们。

在更早的"泥盆纪"时期里，开始生活在海里的菊石，躲过了"二叠纪"发生的生物灭绝灾难，在"三叠纪"时全面繁盛起来，这种用头行动的像螺一样的动物迅速分布到了全球的海洋里，因为"三叠纪"时期，地球只有一个大陆，一个海洋。后来大陆分开，海洋也分开了，菊石就随着分开的海洋，散布到了世界的各地并成为推断岩石年代最有用的化石。像蚌壳一样的双壳类动物，在"三叠纪"时期出现了许多种类，个头也越来越大，有的还能生活在淡水里。长着四个鳍、有点像鳄鱼又像海豹的海生爬行动物，首次出现在"三叠纪"的海水里。一种叫作"始兽类"的哺乳动物也开始生活在"三叠纪"。恐龙的祖先在"三叠纪"的晚期，出现在夹杂着高大铁木的茂密蕨类丛林里，并且进化出了不同的类型。

从晚古生代开始的"海西运动"一直延续到了"三

◀ 新墨西哥州的硅化木，他
们从植物到化石的变化开始
于"三叠纪"。

叠纪"的早期，在这将近1.6亿年的时间里，陆地的拼
合，使地球形成了一块统一的大陆，叫作"联合古陆"
或者"泛大陆"。这块大陆大致位于现在非洲的位置。
"联合古陆"以外的地表上，则是一个一望无际的超大
海洋，这个海洋横跨两万多千米，面积和现在全部海洋
的面积差不多。接近"三叠纪"晚期的时候，"联合古
陆"这块巨大的大陆出现了一些裂隙，沿着这些裂隙，
大陆才开始分离。

　　进入"三叠纪"的时候，在"海西运动"的大背景
下，地球的局部地区，发生了称为"印支运动"的一个
构造阶段。"印支运动"使一些地层产生了褶皱，使中

国西南部的广大地区，包括东南亚一带，形成了世界最大的褶皱带。伴随着地壳的上升，"印支运动"以后，中国基本结束了中生代以前北边局部有陆地、南边大部分是海洋的历史，从此，逐步形成了一片宽广的大陆环境。

"三叠纪"时期，受"印支运动"的影响，云南完成了由海洋向陆地的过渡，这个时候，地壳大规模地不均匀上升，高黎贡山已经在海洋上屹立了两亿多年，而高黎贡山

◆ 香格里拉"三叠纪"的不同地层。

⊙ 雄浑广阔的滇藏高原，中生代的产物。

以西、大部分"二叠纪"时期的海面向广西方向退去。陆地不断扩大，产生了许多内陆盆地。到了"三叠纪"的晚期，除了保山还残留着一部分内海以外，内海以东的大部分地区都成为分散在陆地上的沼泽或者湖盆。他们有的孤立存在，有的又和陆地边缘的大海相连。后来云南的"坝子"，就产生在这个时期形成的内陆盆地里。

　　伴随着"三叠纪"大部分年代的"印支运动"，带来了超过以往规模和强度的岩浆活动。在云南的土地上，经过了千万亿年的沉积，已经孕育了许多矿产，"印支运动"时强烈的岩浆活动，使云南的矿产变得更加丰富。"三叠纪"为云南带来了丰富的煤、锰、铁、石膏、锑矿、锡矿、汞矿以至于金矿、贵金属矿。著名的建水锰矿、禄丰—平浪煤矿、勐腊新山铁矿、巍山笔架山锑矿、香格里拉普朗铜矿、墨江金厂金矿、镇沅老王寨金矿、个旧锡多金属矿、弥渡金宝山铂钯矿，都是"三叠纪"给我们的慷慨馈赠。

"三叠纪"以一次大规模的生物灭绝事件结束，尤其是海洋生物，消失了将近一半的种属，爬行动物只有"鱼龙"幸存。这种类似于海豚的鱼一直生活到了1亿多年后的

海水退去，高黎贡山以东现出了许多湖盆，有的湖盆成了"坝子"，有的湖盆仍然和海水相连。

"白垩纪"。地质学家们认为，在"三叠纪"的晚期，由于"海西运动"导致的"联合大陆"解体和分离，地层张开，发生了地球大陆形成以来最强烈的火山运动，影响了地球环境，使一些生物灭绝。这是地球生命发生的第二次大规模灭绝事件。紧接着"海西运动"，另一次影响更大的构造运动——"阿尔卑斯运动"把地球带入了更新的时期。

地质学家们普遍认为：没有"印支运动"，就没有今天的中国大陆。"印支运动"指二叠纪晚期至中生代三叠纪直至侏罗纪早期的造山运动。"印支运动"的延续时间约5000万年。"印支运动"的地质活动相当剧烈，亚洲东部、南亚、印度支那的一些板块相互碰撞、拼合，在发生碰撞、拼合的各板块内部都发生了广泛的褶皱变形和水平上升。这一运动使海水退去，中国四分之三的陆地完成了拼合和统一，形成了今天地形的雏形，使川西、滇西北一带隆起成为山地，岷山、邛崃山、大雪山、云岭等出现。"印支运动"还为云南送来了1100多个富庶的"坝子"。

23

侏罗纪
Jurassic Period

☝ 美国德克萨斯州里真正的侏罗纪公园。

○ 侏罗纪的硅化木，在美国德克萨斯州北部和新墨西哥州很常见。

　　欧洲的阿尔卑斯山，是从"三叠纪"的晚期开始，从地层上慢慢升起并稳定下来的，那个时候，在现在的欧洲和亚洲地层上，发生了范围广大的褶皱，形成了包括阿尔卑斯山、乌拉尔山、喜马拉雅山在内的许多山脉。造成这次使地层变形的地质运动，就以升起的阿尔卑斯山为名，叫作"阿尔卑斯运动"。阿尔卑斯运动延续的时间很长，从"三叠纪"晚期开始，跨过侏罗纪、白垩纪，从中生代一直持续到6500万年前的新生代，也就是近代，使地球成了现在的样子。地质学家以中生代和新生代为界，把阿尔卑斯运动分为两个阶段，中生代时期的称为老阿尔卑斯运动，新生代时期的称为新阿尔卑斯运动。在中国，老阿尔卑斯运动又被称为"燕山运动"，新阿尔卑斯运动又被称为"喜马拉雅运动"。因为这两期运动分别造成了燕山山脉和喜马拉雅山脉，并一直影响着现在。

"侏罗纪"时候的云南，经过"海西运动"以后已经全部成为陆地，中部却是一个茫茫水面的内陆大湖，露出湖面的苍山、哀牢山分布在从西北到东南的方向上，在大湖的两端遥遥相望。在将近7000万年的历史

◆ 云南楚雄的侏罗系地层。

里，内陆大湖的水面萎缩，湖泊成为沼泽，沼泽上升成为陆地，陆地又下降为湖泊。禄丰的恐龙就是在这样的环境里生长、繁衍、进化的。云南"侏罗纪"的红色地层也是在这个时期里沉积而成的。所以，云南红土地的历史可以追溯到侏罗纪。

在法国和瑞士交界的地方有一座山叫作"侏罗"，这里出露了一套红色砂岩地层，覆盖在更老的"三叠纪"地层上面，1829年，地质学家就把这套地层命名为"侏罗系"。1841年，一位英国解剖学家根据一块采自于"侏罗系"地层的爬行动物的骨骼化石，把这种不知名的动物命名为"恐怖的蜥

🔺 美洲大陆中部的侏罗系地层。

蜴"，就是恐龙。从此，恐龙的叫法就统一起来。"侏罗纪"是恐龙的时代。在全世界的"侏罗纪"地层里，都发现了各种各样奇奇怪怪的恐龙化石。

根据恐龙化石的复原状况，可以看到，恐龙不仅种类很多，他们的形状更是无奇不有，有在天上飞的，有在水里游的，更多的是在陆地上爬行、奔跑。目前发现的恐龙种类超过了800种。科学家根据恐龙化石的形态，把恐龙分为两大类，一类叫作鸟龙类，一类叫作蜥龙类。根据恐龙牙齿化石的形态，还可以推断出，一种恐龙是食肉类还是食草类。恐龙最大的身长有26米，体重超过80吨。最小的身长只有十几厘米。云南在"侏罗纪"的时候，气候炎热干燥，水分蒸发很大，为岩盐、石膏、芒硝的沉积提供了条件，也是恐龙们活动的天堂。

1938年，中国的第一具恐龙化石在禄丰盆地的"侏罗纪"地层里出现，这是一具完整的骨架，从头到尾有6米长，站立起来有2米多高。但他只是一条中等个头的恐龙。人们把这条恐龙命名为"许氏禄丰龙"。1995年，在禄丰的阿纳山，发现了到现在为止，世界上最伟大的恐龙遗址。上百头恐龙集中埋藏在这块方圆不到6平方千米的小山上，他们创造了五个"世界之最"：最古老的脊椎动物化石群、最集中的恐龙化石种类、密度最大的恐龙化石埋藏地、数量最大的一处恐龙化石遗

址、化石完整性保存最好。这次发现震撼了世界，禄丰恐龙化石带给了人们一个真实的"侏罗纪公园"。 埋藏在阿纳山的恐龙，包括了从2.5亿年前的"三叠纪"到6500万年前"白垩纪"不同时期的种类，这更给人们提出了无数个"为什么"？更为意外的是，在禄丰的"侏罗纪"地层里，还发现了一块"卞氏兽"的头骨化石，他是一种爬行动物到哺乳动物的过渡类型。"卞氏兽"接上了动物界由菌藻类进化到哺乳动物的生命链条，他的意义，不下于后来猿人化石的发现。地质学家们把在禄丰发现的恐龙化石，命名为"禄丰蜥龙动物群"。他和"澄江

 云南禄丰的侏罗纪地层，路边就能看到巨大的恐龙骨架化石。

侏罗纪

 云南楚雄—昆明一带的侏罗纪地层，你可以想象当年这里的热闹景象。

帽天山寒武纪动物化石群"一样，有着重大的科学意义，也是历史带给云南的宝贵财富。

除了会飞的翼龙以外，鸟类在"侏罗纪"开始出现。1861年，在德国巴伐利亚的"侏罗纪"地层里，出现了最早的鸟的化石，他是鸟的祖先，人们恰如其分地把他命名为"始祖鸟"。这是脊椎动物演化的重大事件。从此，脊椎动物首次全面地活跃在"侏罗纪"的海洋、天空和大地上。

24

中生代结束的时候
The End of the Mesozoic Era

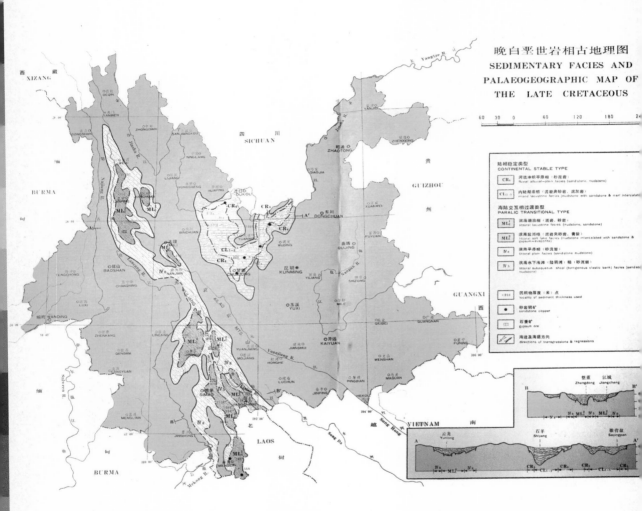

晚白垩世岩相古地理图
SEDIMENTARY FACIES AND
PALAEOGEOGRAPHIC MAP OF
THE LATE CRETACEOUS

陆相稳定类型
CONTINENTAL STABLE TYPE

| CR₁ | 河流冲积平原相（砂泥岩）
fluvial alluvial-plain facies (sandstone, mudstone) |
| CL₁ | 内陆湖泊相（泥岩夹砂岩，泥灰岩）
inland lacustrine facies (mudstone with sandstone & marl intercalation) |

海陆交互相过渡类型
PARALIC TRANSITIONAL TYPE

ML₁¹	滨海湖泊相（泥岩，砂岩） littoral lacustrine facies (mudstone, sandstone)
ML₁²	滨海盐湖相（泥岩夹砂岩，膏盐） littoral salt lake facies (mudstone intercalated with sandstone & gypsum-evaporite)
IV₁	滨海平原相（砂泥岩） littoral plain facies (sandstone mudstone)
IV₂	滨海水下浅滩（陆源碎）相（砂泥岩） littoral subaqueous shoal (terrigenous clastic bank) facies (sandstone mudstone)

沉积物厚度（米）：点
locality of sediment thickness used

砂岩铜矿
sandstone copper

石膏矿
gypsum ore

海进及海退方向
directions of transgressions & regressions

◆ 6500 万年以前的云南，一条海槽从南到北穿过滇西，两边已经上升为陆地。

在著名的英吉利海峡两岸，耸立着美丽的白色悬崖，这些白色的岩石主要由颗粒均匀的方解石和一些海洋小动物的钙质化石组成，沉积和风化作用使他们变得极细小又纯净，呈粉末状，甚至用手就可以搓碎。人们把这种石灰岩粉起名为"白垩"。1822年，一位法国地质学家把这套有"白垩"的地层取名为"白垩系"，形成"白垩系"地层的时代就是"白垩纪"。

"白垩纪"是中生代的最后一个纪，长达7200万年，是地球进入"显生宙"以后时间跨度最长的时代。"白垩纪"时期，地球气候比较暖和，在"老阿尔卑斯运动"也即"燕山运动"的作用下，"联合古陆"加速着解体，现代几大洲的雏形开始形成。海水涌入裂开地块之间的通道，形成新的海洋，海陆交替，陆地变得湿润，植物迅速生长，原来的不毛之地披上了浓浓的绿装，艳丽的花朵第一次出现在地球上，大地被装点得五彩缤纷。

"白垩纪"时期，植物的进化好像超过了动物，被子植物出现了——这是植物进化的第五个阶段，也是最高级阶段。被子植物很快地取代裸子植物而成了地球上主要的植物。被子植物的种子藏在富含营养的果实中，有生命发育很好的环境、风、花粉、昆虫都可以帮助被子植物种子的传播，所以被子植物的适应性最强，分布最广，种类也最多。直到现在，被子植物的种类还多达

🔺 中生代陆地景观，那时的云南陆地的情景。

25万种。"白垩纪"时期，在茂密的蕨类植物和松柏林中，生长着高大的木兰、柳、枫、杨、桦、杉、榕、棕榈等等，不仅为恐龙们提供了丰富的食物，还为最早出现的蛇、蛾、蜂、鸟类以及其他的小型哺乳动物提供了栖息和繁衍的场所。暖和的气候，繁盛的植物，活跃在空中、水下、陆地的新奇动物，使"白垩纪"的大部分时候，成了一个热闹的世界。

经过"燕山运动"，亚洲地块慢慢地离

◆ 中生代的杰作，像油画一样的滇藏高原。

开了连在一起的"冈瓦纳"大陆，中国东南的大部分露出了海面，许多地方褶皱成山脉；除了西藏、西南、华南的一些地方还浸泡在海水里以外，中国的大部分地区已经连接成大陆。处于"扬子地台"上的云南，在"白垩纪"的时候，进入了地壳演化第五期的"陆盆期"，地块基底更加巩固。早些时候，"侏罗纪"形成的滇中内陆湖盆，到

知识拓展
Knowledge Extension

　　科学上，一种理论的提出和验证，往往需要很多年，甚至几代人。但是"海底扩张说"的提出和验证，几乎是同时进行的。1961年，美国普林斯顿大学地质系主任赫斯和美国海岸和大地测量局的地质工程师迪茨，首次提出了"海底扩张说"的假设。1925～1927年期间，德国"流星"号考察船考察南大西洋，首次揭示了洋底地形的起伏不亚于陆地。1953年以来，人们使用回声测深仪描绘了越来越多的洋底地形。1967～1969年，大西洋、太平洋和印度洋的立体地貌图相继问世。进入80年代以后，卫星、遥感、计算机技术印证了之前的成果。地球的各大洋洋底有高耸的海山、起伏的海丘、绵长的海岭、深邃的海沟，也有平坦的深海平原。纵贯太平洋、大西洋、印度洋三个大洋中部的大洋中脊，绵延8万多千米，宽数百至数千千米，总面积堪与全球陆地面积相比。长度和广度为陆上任何山系所不及。位于太平洋马里亚纳海沟的大洋最深点11034米，深度超过了陆上最高峰珠穆朗玛峰的海拔高度8844米。太平洋中部夏威夷岛上的冒纳罗亚火山，海拔4170米，而岛屿附近的洋底深五六千米。冒纳罗亚火山实际上是一座拔起洋底、高约万米的山体。在几大洋的中脊，绵延几万千米的海沟里，有沿着海沟水平方向，连续激烈喷发的火山活动，所以，"海底扩张说"很快被人们接受。

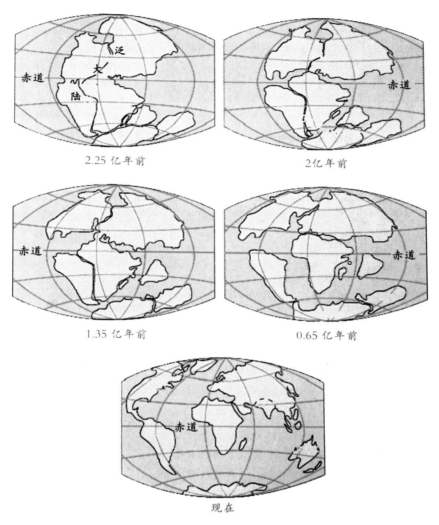

2.25 亿年前

2 亿年前

1.35 亿年前

0.65 亿年前

现在

🔺 魏格纳的大陆漂移、板块运动示意图。地质成果证实了魏格纳理论的科学性。

了"白垩纪"时，范围逐渐缩小，楚雄、昆明和滇西的兰坪、云龙以及今天普洱的大部分地方，在"侏罗纪"紫红色沉积物的上面，又沉积了很厚的"白垩纪"白色、紫红色泥岩、粉砂岩、砂岩和少量的黑色页岩。有的地方，这些沉积岩的厚度超过了2千米。这些沉积砂岩，把云南的红土地染成了五彩缤纷的图案，他们的代表，就是陆良的彩色沙林。

　　有很多因素促成了地球生命的成长，改变着地球表面的状况。我们已经知道了，地壳是由许多巨大的板块拼合起来的，而这些板块是移动的，使地壳板块移动的重要原因，就是"海底扩张"，直到近代的60年代，地质学家们才发现，沿着大西洋的中间，有一条几乎纵贯了南、北两极的海底裂谷，弯弯曲曲的和两侧大陆平行延伸，长度达到了6500千米。裂谷的两边，是高出海底2千米到3千米的山脉，山脉的底部，是从裂谷涌出的岩浆冷却后形成的玄武岩。玄武岩涌出的时间是连续的，跨越了好几个地质年代。直到近代，来自地心的熔岩还在不断地涌出，并把裂谷两边的地层向相反的方向推开。太平洋的中间，也有一条这样的海底裂谷，就是著名的太平洋中脊。被海底裂谷涌出的岩浆推开的地层，以每年2.5厘米的速度移动。千万亿年下来，有的板块离得更远，有的板块靠得更近，甚至发生碰撞、堆积。所以，地质学家们把大陆漂移、海底扩张、板块构造三个现象，称为地质运动不可分割的"三部曲"。

　　板块的边缘和接缝地带，往往是地球表面地层的活动带，火山在这里喷发，岩浆在这里活动，地震在这里发生，沉积作用、变质作用、构造运动交替着出现，在改变了地貌的同时，也形成着非常有利的成矿带。云南有6个主要的成矿区或者成矿带，就是在这样的地质背

🔺 云南丽江—香格里拉一带的白垩纪。

景下形成的。这6个主要的成矿区或者成矿带，使云南成了"有色金属王国"。

　　"白垩纪"时间长，矿产也多，云南大姚、牟定的铜矿，巍山、腾冲、芒市、沧源的金矿就来自于"白垩纪"的沉积地层和岩浆活动。"燕山运动"时期的花岗岩，在腾冲、个旧、马关等地带来了丰富的锡、钨。海水蒸发沉积了著名的禄丰黑井盐矿，这个盐矿的储量很大，虽然一千多年前就开始了开采，按现在的规模，还可以再开采一万多年。在兰坪金顶，就是因为在"白垩纪"地层为主的中生代地层里，加上"燕山运动"时期的岩浆活动和地壳运动，形成了储量达1600多万吨、闻名世界的特大型铅锌矿。

在6500万年前到9600万年前，"白垩纪"晚期的某个时候，地球上又发生了一次莫名其妙的大规模生物灭绝事件，作为地球主要居民的爬行动物"突然"大量消失，恐龙完全灭绝，一半以上的植物、一半以上的陆生动物也同时蒸发。这是地球生物自晚古生代"二叠纪"以来，发生的第三次大规模灭绝事件，范围和影响超过了前两次。大部分科学家们认为，是一颗直径大约有10千米的小行星撞上了地球，溅起的尘埃遮住了阳光，同时导致海水温度升高，完全改变了地球环境，使生物死亡。地质学家们又认为，这颗小行星是在现在的美国和墨西哥交界的地方撞上地球的，他把墨西哥的一块很大的土地砸进了地球的深处，撞出的大坑就成了现在的墨西哥湾。撞击所造成的后果是全球性的。所以，和墨西哥湾的位置正好相反，住在地球另一面的云南的恐龙们，在这个时候也一起消失了。世事无常，什么情况都可能随时发生。当然，这次大规模"突然"灭绝事件，并不是一个早上完成的，而是持续了几十到上百万年。

25

成型的高原
The Plateau Taking Shape

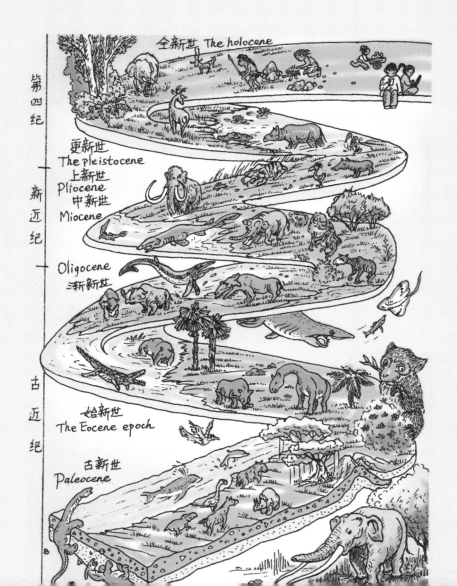

全新世 The holocene

第四纪

更新世
The pleistocene
上新世
Pliocene
中新世
Miocene

新近纪

Oligocene
渐新世

古近纪

始新世
The Eocene epoch

古新世
Paleocene

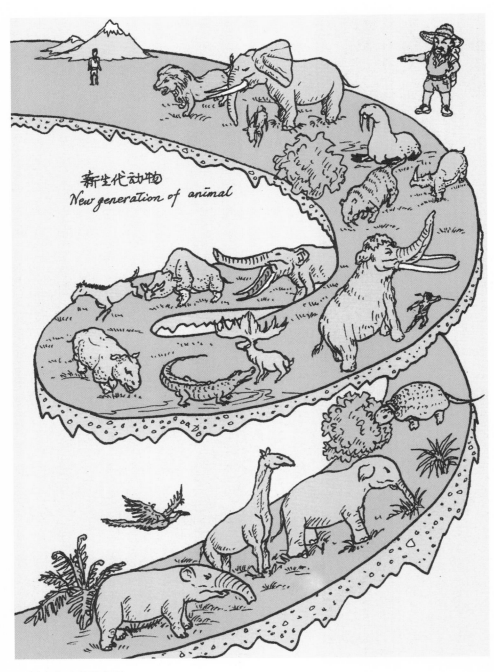

新生代动物
New generation of animal

⬢ 新生代动物示意图。

"白垩纪"时期，地球迎来了45岁生日。"白垩纪"结束，距离现在6500万年的时候，地球进入了一个崭新的发展时期——新生代。新生代经历时间不长，仅相当于古生代的一个纪，但是新生代的地球发生了更快、更多也更近的变化，一直到我们能够看到的今天。

　　新生代分为两个纪："第三纪"和"第四纪"。这种叫法是欧洲人在1760年开始的。当时，有人把阿尔卑斯到意大利一带的地层从老到新划分为三个纪，就是"第一纪""第二纪""第三纪"；1829年，又有人把"第三纪"上面的松散地层划分出来，称为"第四纪"。后来，"第一纪""第二纪"合并到了其他的地质年代里，"第三纪"和"第四纪"就一直沿用下来。2001年，国际地质大会统一不再使用"第三纪"的划分，把第三纪分为两部分：早第三纪命名为"古近纪"，晚第三纪命名为"新近纪"。这样，新生代实际上就有了三个纪："古近纪""新近纪"和"第四纪"。新生代离现代比较近，人们了解到的地质现象也比较多，所以，在这些"纪"的下面，又划分出了一些"代"。这些"代"的名称，是大家经常会看得到的。从老到新，"古近纪"包括了"古新世""始新世"和"渐新世"，"新近纪"包括了"中新世""上新世"，而"第四纪"则包括了"更新世"和"全新世"。这样的划分，就把6500万年的历史分成了三个大段和七个小段。我们现在应该是生活在"全新世"这最后一个小段的时期里。以后，紧接着"全新世"的，就是人类无法预料的、地球发展遥远的未来……

新生代的三个阶段，大部分时期是"古近纪"，"古近纪"占了新生代阶段的三分之二，大约历时4170万年。而后进入到"新近纪"，"新近纪"历时2000多万年。在距离现在260万年的时候，新生代进入到了年轻的"第四纪"。

在新生代，影响全球地壳变化的"阿尔卑斯运动"从"燕山运动"阶段发展到了著名的造山运动——"喜马拉雅运动"阶段。由于海底扩张，"联合大陆"中的"冈瓦那古陆"完全解体，澳大利亚从南极大陆脱离出来，向北面漂移；印度板块在"古近纪"中期的"始新世"阶段和亚洲板块相遇，形

新生代造就了雄伟的喜马拉雅山系，在中印边境的中国一侧，白垩纪的沉积岩环绕着由时代更早一些的花岗岩形成的冈仁波齐峰，冈仁波齐被奉为众山之山、众神之神。从地质学的角度，冈仁波齐峰的地质构造确实神奇。

成南亚次大陆；非洲也脱离了"冈瓦那古陆"，向着"联合古陆"中"劳亚古陆"的欧洲地块漂移。在"白垩纪"时期，"燕山运动"形成了中国的基本轮廓，"古近纪"时，中国大陆已经是山川交错、盆地相间的景象了，"燕山运动"和"喜马拉雅运动"的长期作用，使中国大陆自东向西，形成了三个褶皱和拗陷带，褶皱隆起，形成了一些山脉；拗陷沉积，填充集聚了丰富的煤和石油。新生代的早期，喜马拉雅还是一条深深的海槽，印度板块正在向着亚洲板块边缘青藏高原方向的底部冲来。

　　"古近纪"早期的"古新世"时期，除

◇ 现在还在上升的珠穆朗玛峰地区。

🔺 北美冻土地带的一头坚头龙，他活跃在新近纪的早期，距离现在2300万年。

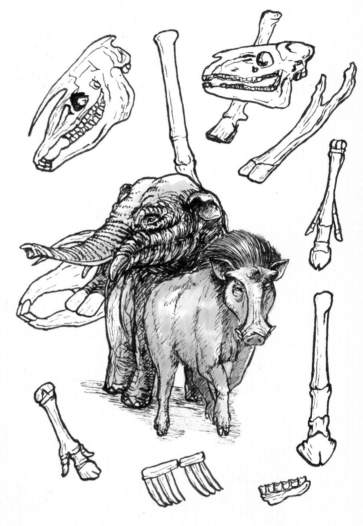

◆ 阿尔伯克基博物馆里复原的新近纪动物化石。

了恐龙以外，一些在"白垩纪"晚期、地球生物第三次灭绝事件中幸存的爬行动物仍然在继续进化，还出现了一些新的物种。地球上有了早期的马、大象、熊，菊花也出现在茂密的丛林里，鲸鱼和海豚在海洋里穿游，一种以藻类、菌类和甲壳动物的幼虫为主要食物的有孔虫在海里大量繁殖，同时也为其他的海洋生物提供着食物来源。

"古近纪"中期的"始新世"阶段，草本植物和豆科植物出现，并迅速覆盖了大地，为新的物种准备了粮食。猴子出现了，牛、羊的祖先也开始奔跑在丛林的草地上。

"古近纪"晚期的"渐新世"阶段，大约2300万年前，陆地覆盖着大量的草原，大型哺乳动物和鸟类活跃在地球上，当时最大的哺乳动物是巨型犀牛，猴子中的一支进化成了最早的猿。

这些生命中的一部分遗迹，出现在云南的很多"古近纪"地层里。

"古近纪"开始的"喜马拉雅运动"，使云南的地质发展史进入了第六个阶段——"高原期"。云南远离了大海，大地不断抬升，高原逐渐成形；中生代的内陆湖盆也逐渐消失了，星罗棋布的断陷湖泊和沼泽遍布云南。到"第四纪"初，云南的地质发展史进入到第七个阶段——"湖盆期"，由内陆湖盆演化的湖泊和沼泽逐渐发展成今天大大小小的"坝子"和"海"，哺育着近代还不太知道感恩的云南人。

🔺 新生代为云南造就了许多水草丰美的"坝子"，养育着从新近纪进化而来的"人"。

26

宝地昆明

Kunming, a Land of Good Luck

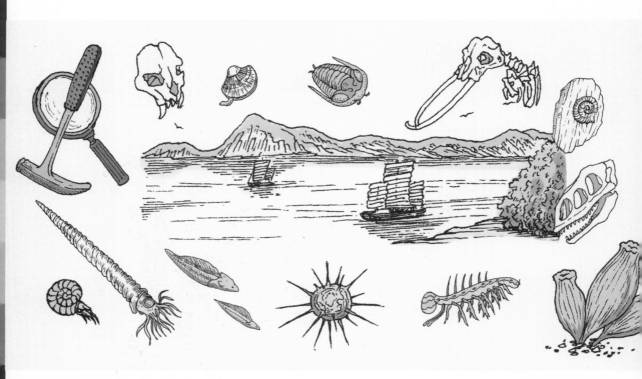

⬆ 地层断裂形成的滇池，是昆明的母亲湖。

新生代的第二个阶段是"新近纪"。"新近纪"延续了2000多万年，从距离现在2330万年到距离现在260万年。而后再进入到我们现在还经历着的"第四纪"。

人类的出现和喜马拉雅山的形成几乎是同一个时期。这"同一个时期"就在"新近纪"。

在"新近纪"第一阶段的"中新世"，大陆上森林密布，草木茂盛；有了鹿和长颈鹿；羊、猪、兔、有袋动物也在迅速成长；以猴子为代表的灵长类加速进化；猿类中出现了森林古猿，森林古猿中的一支，向着现代的类人猿进化。

古猿的进化和人类的出现，是"新近纪"时期的重大事件。在"新近纪"第二阶段的"上新世"，大约500万年前，南方古猿出现在非洲的丛林里，他们被认为是最早的人类。在地球的其他地方，也发现了被认为是猿人的一些零散化石。因为人们曾经找到过一个50万年前"北京山顶洞人"的头盖骨化石，后来又发现了一些180万年前"元谋猿人"的牙齿化石，因此一度认为，人类就是在那些化石生成的时代出现的。现在，大部分的科学家已经认为，人类的出现，应该是在大约300万年以前，而不是过去认为的50万年或者180万年的时候。

500万年前，"喜马拉雅运动"还在进行，"联合古陆"分离出来的各个板块继续移动，"古近纪"形成的

新山系，像欧洲的阿尔卑斯山脉、南美洲的安第斯山脉、非洲的阿特拉斯山脉和亚洲的喜马拉雅山脉继续隆起，东非大裂谷正在形成。

　　1000多万年前，亚洲板块的西部慢慢地升出了海面，印度板块像一块大饼一样，冲进了亚洲板块这块大饼，把重叠的部分抬高，被抬高的大饼，成了青藏高原，高原边缘，就是缓缓升起的喜马拉雅山脉。造山

持续到新近纪时的造山运动，使珠穆朗玛峰成了地球的最高峰，海拔高度8844米，至今还在上升。

运动使中国的西部隆起成为山地，东部下降成为范围很广的凹陷平原，山地和平原之间分布着许多大大小小的盆地。在这些区域的连接部分产生了许多断裂，玄武岩沿着断裂涌出了地面。中国西高东低、百川东流的地理特征，就是在"新生代"形成的。在"新生代"前两个阶段的"古近纪"和"新近纪"，地壳内孕育了很多矿产，特别是沉积了煤、石油、石膏和一些沉积型的金属砂矿。

🔽 巨大的断裂隔开了山脉，这是金沙江断裂带的支线，壮观的禄丰己衣大峡谷。

🔺 滚滚流淌的金沙江，是一条典型的"岩石圈断裂"线，他因为两大板块的碰撞而成。

　　云南的地貌在"新近纪"时已经形成，生物仍然在进化，地壳仍然在活动。作为中国范围内地质年代最漫长、地质历史最悠久、地质现象最齐全的一个地块，控制着云南现代地貌格局的，还有在各个历史阶段形成的各种断裂。

　　地层在形成的过程当中并不是铁板一块的，由于各种地质运动，地层在发生上下或者水平运动的时候，会发生断裂。断裂把地层和岩石分开。断裂向地下延伸的深浅，或者向水平方向上延伸的长短，对地层的变化、岩石的变动，产生着重大的影响。地质学家把断裂分为好几种类型。

　　对地壳影响最大的是"岩石圈断裂"，这种断裂是板块的边界，切穿了地壳和岩石圈，到达地壳下面的软流层，切割的深度大于40千米，并牵动引发了其他的断裂，形成断裂带。从古生代到新生代的早期，大约4亿多年的时间里，云南形成了三条"岩石圈断裂"的断裂带，这三条断裂带就是"金沙江—哀牢山断裂带""澜沧江断裂带"和"怒江断裂带"。这三条断裂带处于亚洲板块和印度板块的结合部，是重要的成矿区域，也常常发生地震活动。来自地球深部的热量沿着断裂上升，在一些断裂线上产生热泉，在三江上游的西藏、云南怒江的中段，就有一些这样的温泉。

三条"岩石圈断裂"的断裂带，从南到北，紧密相连，平行分布，形成高山深谷的雄伟地貌。云南这样

⌃ 难得一见的金沙江江底岩石。因为修建向家坝水电站，截流引水，被江水覆盖了近4000万年的金沙江江底岩石，第一次露出了真容，他们多是变质玄武岩。

集中的深大断裂，是中国唯一的，世界上也是少见的。两大板块的挤压，使三条断裂形成了三条大河，从青藏高原滚滚南下，在云南境内形成了"三江并流"的壮丽景象。三条并行的江水，直线距离最近的地方只有66千米，而且从东到西，三条并行江水的江面海拔，像阶梯一样依次降低，金沙江2100米，澜沧江1900米，怒江1600米，金沙江和怒江的高差500多米。地质活动和断裂现象，还在"三江并流"地区创造了江水"平行逆流"的奇特景象，维西永春河和澜沧江、维西黎明河和金沙江，在几十千米的距离内，平行但是却向相反的方向流淌，是地球上少见的自然奇观。

　　第二种类型的断裂是"地壳断裂"。这种断裂使地壳裂开，控制了岩浆的活动和成矿的分带，切割的深度

⊙ 怒江大峡谷，也是一条深深切开了地层的断裂。

大于30千米。"地壳断裂"在云南有9条，著名的有：云南最古老的断裂——"元谋—禄汁江断裂"。云南最长的"地壳断裂"带——"小江断裂带"，"小江断裂带"从东川以北和金沙江交汇处的小江开始，向南分为两条次级断裂：一条经嵩明，消失在华宁，这条断裂线产生了一串断裂湖泊——阳宗海、抚仙湖、星云湖、杞麓湖；另外一条次级断裂则经寻甸、宜良、开远、个旧，交汇于红河断裂。"小江断裂带"从北到南，长达530千米，是云南一个主要的地震活动带，断裂带的北部，常常有地震。再一条著名的断裂就是"普渡河断裂带"，"普渡河断裂带"从金沙江开始，由昆明以东，向南延伸到滇池南部，在禄劝附近，"普渡河断裂带"产生了一条分叉，经过富民和滇池相连，就是这条断裂造成了西山的抬高，昆明地块的下降，诞生了我们的母亲湖——滇池。昆明正好处于"小江断裂带"和"普渡河断裂带"并行而且逐渐交汇的中间，这两组断裂带反而能使来自于地层深处的"应力"通过断裂线，在昆明的外围得到释放；而昆明的地下，则是"寒武纪"以前就历经沧桑形成的"扬

知识拓展
Knowledge Extension

　　昆明不仅是坝子，有湖泊、山谷，还有深深的大峡谷。从古生代开始，长期的地质作用，从昆明到金沙江不大的区域里，产生了几条峡谷。由普渡河断裂切割而成的普渡河大峡谷，堪称昆明的科罗拉多大峡谷，就在昆明北面的禄劝县境内。普渡河发源于嵩明县，流经昆明主城区、晋宁、安宁、富民、禄劝，由东川区的舍块乡汇入金沙江。普渡河流程150多千米，落差1100米，是金沙江右岸的主要支流。人们习惯上将普渡河自上游到下游划分为四段，即盘龙江、滇池、螳螂川、普渡河。沿江还有几处地热温泉。在普渡河大峡谷的西部、武定县境内，又有一条奇特的断裂——己衣大裂谷。己衣大裂谷始于东川的法宝峡谷，全长30千米，己衣大裂谷的最宽处约200米，最深处300多米，最窄处仅6米，而且是几乎垂直的双向断裂。这种地质景观，在全球都非常少见。

26
宝地昆明

子地台", 有坚实的"结晶基底", 所以, 地震对昆明的威胁, 可以大大减少。我们真应该感谢我们远古的祖先, 他们在地质学还远远没有产生的时代, 就为他们的后人, 选择了昆明这块风水宝地。

☁ 云南临沧的小黑江断裂, 他处于活跃的地震带上。

27

财富还在地下

Wealth Still Lying Underground

🔼 金沙江边的禄丰大断裂，垂直切开了古老的地层，是地质教学极好的野外课堂。

第三种类型的断裂是"盖层断裂"，过去也叫作"壳断裂"，指发生在地壳内的断裂。"盖层断裂"对地层的切割深浅不同，一般小于15千米。这种断裂把几十亿年形成的地壳和岩层，分割成大小不同的地块，就像干旱的田地里裂开的缝一样。没有艰苦细致的野外地质工作，很难判断这些断裂的存在。现在探明，云南的"盖层断裂"一共有13条，和前两种类型的断裂一样，多数形成于古生代到新生代的各个地质时期，因为"加

❯ 断裂的源头，不断地延伸，他可以张向地底，也能够切开山脉。

里东运动""海西运动""燕山运动""喜马拉雅运动"强大的地质作用，使我们脚下的土地，裂开成这些深浅长短不同的缝隙，并产生和控制了不同的地质现象。

云南的13条"盖层断裂"中，最长的是"红河断裂"，这条断裂从祥云附近开始，延绵460千米，沿着哀牢山东侧的红河河谷，由西北到东南，一直伸展到越南。断裂产生了分叉，形成断裂带。从云南地质图上可以看到，"红河断裂带"几乎和另一条断裂带——"维西—乔后断裂带"相接。这两组断裂带从德钦到海口，几乎把云南分成了两半，而两边的很多地质现象却不同。可见断裂对地层的影响，往往是起决定作用的。13条"盖层断裂"中的"罗茨—易门断裂带""德钦—尼西断裂带"和"小黑江断裂带"从中生代到现代，都是

🔺 奔腾在断裂线上的思茅—临沧小黑江。

怒江西岸"高黎贡山变质岩带"上，古冰川退去后的冰湖，不仅景色优美，还是高海拔地区重要的水源。

比较活跃的地震带。人们一定不能忽视他们。而形成稍晚一点的"大盈江断裂带"，则为新生代晚期开始的腾冲火山活动提供了上下通道。因为地质作用，在这三种断裂旁边的岩层，又会裂开成大小、深浅都不一样的"次级断裂"，像人身上的毛细血管网一样，布满了云南的土地。地下的热量使含水岩层里的水分变热，热水通过断裂涌出地面，成了温泉。所以，云南虽然是高原，但温泉遍布全省，地下热量非常丰富，是大自然给云南特殊的馈赠。

断裂切割了山脉，形成河谷，水往低处流，大多数断裂延伸的地方，断裂线就成了江河的河床。断裂多，河流就多。云南有大大小小的河流600多条，天然湖泊40多个。云南古老的岩层又大部分含水，所以，云南"山有多高，水有多高"，地面的流水和地下的蓄水，共同滋润着高原红土地，只要"人"懂得珍惜，云南不会缺水。

云南的地质历史太长了，漫长的历史使一些地方的地层变质，形成变质岩带。在变质岩带里，原来是沉积岩和岩浆岩的岩石产生了变质作用，成为变质岩。云南的变质岩分布很广，可以分成大小不同的15个带。主要的有6个带，他们就是"高黎贡山变质岩带""澜沧江变质岩带""哀牢山变质岩

在不同类型地层的接触地带，往往是矿产形成的最佳位置。云南马关都龙锡锌多金属矿床，就处于这样的位置。早在20世纪90年代末期，马关都龙的老君山成矿区，累计探明的锌储量就超过了390万吨，锡储量超过36万吨，铟5000吨。锌、锡储量都达到了超大型矿床的标准，而且还伴生有铜、银、镉、镓、铁、硫等多种矿产。矿区主要是新元古代到寒武纪的地层。与这套地层接触的，就是矿区北部燕山期的花岗岩和东部的加里东期花岗岩。

带""金沙江变质岩带""苍山变质岩带"和"元谋—元江变质岩带"。片麻岩、混合花岗岩、板岩、角闪岩、大理岩是这些变质岩的代表。这些变质岩人们很容易在野外辨别出来。人们比较熟悉的石榴石、云母就来自于变质岩。到了"新近纪"的新生代，变质作用使云南几十亿年堆积起来的岩石当中，产生了许多宝贵的矿产。元阳、元江、东川、易门、武定、新平、禄丰、澜沧、景洪、玉溪、牟定等地的石墨、铁、铜、锰、铂钯、宝石、大理石矿，都是因为变质作用而形成的。云南露出地面的变质岩，面积有11万平方千米，里面形成的矿

🔺 普洱西部，"澜沧江变质岩带"的铅锌矿露头。

[225]

271
财富还在地下

云南临沧的新近纪地层。

产，远远不止我们已经找到的这些。

"古近纪"和"新近纪"时期，将近6240万年的沉积、蒸发，为云南带来了丰富的煤、岩盐、硅藻土、钛铁砂矿，还产生了中国的第一个钾盐矿。

植物的生长主要靠氮、磷、钾元素的补充；中国缺乏的就是钾，除了柴达木盆地的查尔汗盐湖含钾、青海湖可以人工蒸发生产一点钾肥以外，其他地方都缺乏形成钾盐的地质条件。所以，大家都把希望寄托在了云南。因为云南在新生代，由于地壳的上升，原来的浅海变成了内陆湖泊，云南所处的纬度，水的蒸发量又很大，浅海变成的内陆湖泊里的盐类，很容易沉积成矿，里面就会有钾盐。果然，经过艰苦细致的地质勘查工作，20世纪70年代，在江城勐野井"新近纪"的地层里，找到了中国的第一个钾盐矿。虽然储量不大，但是说明，在新生代地层的古盐湖里找钾的想法是正确的。因为在同样是新生代地层的古盐湖里，老挝、泰国找到了号称世界第二大的钾盐矿，储量超过了100亿吨。而老挝、泰国新生代地层的古盐湖和云南是相通的。加拿大、俄罗斯的特大型钾盐矿，也是在相同的地质条件下形成的。这为云南的地质学家们找到大型钾盐矿增添了信心。

墨西哥湾北部的新生代—中生代沉积地层，有丰富的石油。

人们普遍认为，石油和天然气一般只会生成于新生代和中生代时期较大规模的"沉积拗陷盖层"的大型盆地里，而云南缺乏这样的地质条件。但是，20世纪70年代，在思茅盆地景谷的新生代沉积地层里，地质学家们找到了石油；1994年，地质学家们在陆良盆地打出了天然气，结束了云南没有石油、天然气的历史，挑战了云南不可能有石油、天然气的论断。事实说明：云南的新生代，可能还包括了中生代的小型盆地里，有找到石油、天然气的可能。这些盆地就是曲靖盆地、楚雄盆地、维西—云龙盆地、思茅盆地和保山盆地。

　　回顾46亿年的历史，云南虽然确定有丰富的矿产资源，但是，已经发现的东西，不过是巨大财富的一角。

　　因为，大自然好像特别眷念我们的七彩云南。

◆ 有可能找到石油的维西—云龙盆地。

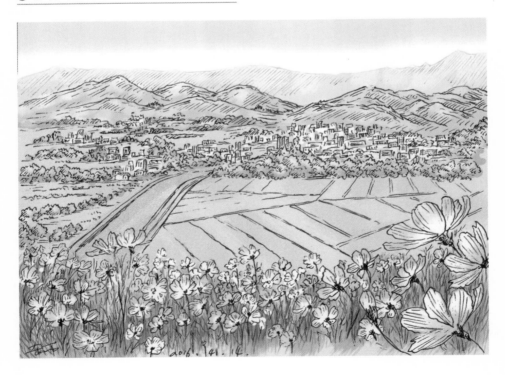

28

可能，地球人都是云南人

Possibly, All the Earthmen Coming from Yunnan

🔺 第四纪以来，喜马拉雅山脉还在上升，站在5800米的雪山上，可以清楚地看到飘着旗云的珠穆朗玛峰。

大约260万年前，地球进入了最新的一个生长时期，这就是新生代的"第四纪"。现在的我们，就生活在"第四纪"。

1829年，一位法国的地质学家，把巴黎盆地当时"第三纪"地层上部的松散地层划分出来，称为"第四纪"。从那时起，"第四纪"作为一个独立的地质年代，一直沿用到今天。"第四纪"分为两个阶段：前259万年，称为"更新世"，后1万年，称为"全新世"。

"第四纪"的地球，发生了翻天覆地的变化，直接带来了我们今天所看到的样子。

"第四纪"把云岭大地带进了云南地质发展史

知识拓展
Knowledge Extension

"撒哈拉"在阿拉伯语里是"空洞无物"的意思。撒哈拉沙漠是世界上最大的沙漠。他西起大西洋，东到红海，北沿阿特拉斯山脉，南抵苏丹草原，面积800多万平方千米，荒凉至极，被称为"生命的坟墓"。但是，20世纪70年代，地球资源卫星探测发现了在撒哈拉沙漠下面埋藏着的古代山谷与河床，还显示出在撒哈拉的地下，潜藏着地球上面积最大的淡水湖。不错，一个多世纪以来，地质学家和考古学家在撒哈拉沙漠里发现过许多原始洞穴，洞穴里有古人留下的壁画，壁画上绘有成群的长颈鹿、羚羊、水牛和大象，还有人类在河流里荡舟、捕鱼，猎人执矛追杀狮子的场面，同时，还发掘出了古人生活的村庄、劳动工具和生活用品。这些证据显示，在很早以前，撒哈拉曾经是一片生机勃勃的土地。2009年，我们徒步穿越撒哈拉沙漠，在撒哈拉沙漠的腹地，也看到了绿洲，地下水位很高，有的还渗出到地面。沙漠下面的土壤也十分良好，而且还贮藏着丰富的石油、天然气、黄金、铜、铁、铀、锰矿等，可以说这是一块荒凉的宝地。就是在全新世，仅仅1万年左右的时间，由于地球环境的变化和人类的活动，撒哈拉由绿洲演化成了沙漠。

的第八个阶段，也就是到现在为止的最后一个阶段——"峡谷期"。

在"第四纪"，"喜马拉雅运动"仍然在进行着。"第四纪"时的地质运动又被称作"新构造运动"。虽然大地构造和地理格局已经形成，但是，"新构造运动"还在时时刻刻改变和创造着地球，使他不断地展现出新面貌。大陆漂移、海底扩张、板块活动、火山喷发继续在进行。在太平洋底，中央洋脊两侧的板块分别向两个方向移动，每年向东移动6.6厘米，向西移动则达到了11厘米。太平洋底的这种海底扩张，使日本列岛

利比亚杰哈特的撒哈拉沙漠北部，风化作用把中生代的玄武岩改造成奇异的拱门。

和中国的距离越来越近，而亚洲大陆和美洲大陆的距离却越来越远；按这个速度，只需要1亿多年，亚洲大陆和美洲大陆之间，又可以产生一个新的太平洋，把两个大洲隔得更远。

亚洲板块和印度板块的碰撞，加速着青藏高原的抬升。在喜马拉雅山脉的西夏邦马峰上，发现了应该生长在"新近纪"时期、海拔2000米到3000米的一种植物——高山栎。高山栎的化石出现在"第四纪"海拔8000多米的西夏邦马峰上，说明喜马拉雅山在"新近纪"的2000多万年里上升2000多米，而在"第四纪"时期的260万年里却上

🔽 专门的考察，我确认，第四纪冰川的南缘到达过云南的碧罗雪山，这是碧罗雪山顶上的冰川遗迹，可以看到过去的河床，冰川消退，留下来成串的冰湖。

升了3000多米，比"新近纪"上升的速度快了十几倍。处于青藏高原南缘的云南在"第四纪"时期继续抬升，云贵高原正式形成。在高原形成的过程当中，板块碰撞和俯冲带来的巨大力量，也使大陆内部的断裂活动、地层的上下移动增加。云南高原河流深切，湖泊收缩，山脉升起，峡谷成形。云南38万多平方千米面积，海拔高差6000多米，最高的卡瓦格博峰，海拔6740米；而海拔最低的河口，红河、南溪河交汇处的水面，海拔只有76米。这就是几十亿年历史的积累，云南成为"立体地形""立体气候"以及"植物王国""动物王国""有色

◆ 碧罗雪山顶上第四纪冰川的景观。

⬇ 碧罗雪山冰湖。

金属王国"的地质条件。

　　"第四纪"的时候，地球上产生过四次大的冰川，茫茫冰雪盖住了由"劳亚古陆"分开、移动而形成的欧亚大陆、北美大陆以及连接着他们的海洋。四次冰雪的融化—覆盖—覆盖—再融化，加速着地表的风化；云南特殊的地形、气候，使很多动物和植物种类在冰川来临的严酷条件下，通过"优胜劣汰"的生存竞争，走向现代。李四光先生根据这四次冰川在中国的遗迹，以遗迹所在地的地名，分别命名了四次冰川的期次，其中的第四次，就叫作"大理冰期"。"第四纪"冰川的最南部，曾经到达过大理的苍山。但是，近年的考察证明："第四纪"冰川还覆盖过比大理苍山纬度更南的碧罗雪

△ 昭通水坝塘的第四纪沉积地层。（吉学平提供原图）

山。碧罗雪山上成串的冰湖、茂密的原始森林、高耸的
雪峰，迟早会成为一个离赤道最近的现代冰川地质公
园，为七彩云南增添又一个亮点。

　　"第四纪"时期的火山也非常活跃，腾冲、大理、
马关、屏边等地都发生过火山活动。特别是腾冲，从
"新近纪"晚期开始，几百万年的时间里，先后发生
过5次火山喷发，留下来70多个火山口。腾冲的一处火
山，1609年发生了最后一次喷发，这次喷发被徐霞客先
生记录在他的日记里。近年，有的专家提出，腾冲火山

不是死火山，而是"休眠火山"，说不定什么时候他会醒过来，让火焰再次冲上天空。

"二叠纪"时期开始在东川—嵩明—宜良一线海底沉积的石灰岩，到了"第四纪"的"更新世"，随着高原的抬升，这些石灰岩的碎屑和泥土被风化剥离，单独露出的石灰石被打磨成千姿百态的形状，像石头的森林，人们就把这里叫作"石林"。"石林"是世界上唯一一处处于海拔将近2000米高原的"喀斯特地貌"典型。"第四纪"风和水的作用，还把从"新生代"开始、还在形成岩石过程当中的沙砾岩和黏土层，雕凿成了"元谋土林""陆良沙林"。在华宁、江川、南涧也有这种小规模的"土林"。

"人"的进化和"定型"，是"第四纪"的突出事件。

1859年，达尔文出版了《物种起源》，提出了生物从低级到高级、从简单到复杂的进化论；二十多年后，他又出版了《人类的起源和性的选择》，首次提出了人类是由已经灭绝的古猿进化而成的观点，尽管达尔文没有解释清楚古猿是如何进化成人的。150多年来，达尔文的观点确实成为人们探索生命起源和发展的主导理论。一百多年来，地质学的产生和化石的研究，也在证实着达尔文的观点。

现在，科学家们倾向于认为：从猿猴进化到人类经历了四个阶段，就是"森林古猿""南方古猿""猿人"和"新人"。这个过程从"新近纪"到"第四纪"，大约经历了1000多万年。1934年，一位年轻的耶鲁大学研究生在印度发现了几颗"森林古猿"的牙齿化石，人们根据一位印度大神的名字，把这种"森林古猿"命名为"腊玛古猿"。"腊玛古猿"生活在距今大约1400万年到800万年间。"腊玛古猿"之后的"南方古猿"生活在距今约500万年到150万年间。1967年在非洲肯尼亚发现了一块"南方古猿"的下颌骨化石，正是这块化石，使人们公认了"人"的祖先在肯尼亚，时间大约在260万年。

值得注意的是，从猿猴进化到人类四个阶段的化石，都出现在了云南的"新生代"地层里。从1956年起，开远、禄丰、元谋都发现了"腊玛古猿""南方古

⚪ 昭通市水塘坝出土的古猿头骨化石（吉学平提供原图）

猿"的化石，1965年，在元谋发现了生活在大约180万年前、属于"猿人"的"元谋人"牙齿化石。这些发现像一根链条，把"人"的进化过程，在云南的大地上串连起来，说明云南是"人类进化的天堂"，至少是这种进化天堂之一。

1980年12月1日，是个值得云南人骄傲、所有的"人"都应该记住的日子。这天，一块完整的"腊玛古猿"头盖骨化石，现身于禄丰石灰坝的"上新世"地层里，这是世界上第一块"腊玛古猿"头盖骨，他填补了从猿到人的进化环节，为研究人类起源的时间和地点提供了证据。禄丰"腊玛古猿"头盖骨化石的发现，立即轰动了世界。

研究表明，在晚中新世

知识拓展
Knowledge Extension

经近年的考察，可以认定，在260万年前的"第四纪"时期，大陆冰川曾经到达过云南的碧罗雪山。约6500万年前开始的"喜马拉雅运动"，使印度板块和亚洲板块产生碰撞挤压。随着印度板块的俯冲、喜马拉雅地块的抬升，位于喜马拉雅山南麓的云南碧罗雪山海拔也在增加，在碧罗雪山的顶部，可以找到大量的冰碛石、漂砾、冰川擦痕、U形谷、连续冰湖等冰川遗迹，加上自然的冰雪，可以看得到第四纪现代冰川的壮观景象。过去，人们普遍认为，亚洲第四纪冰川的前锋，到达的最南部是江西的庐山。而云南碧罗雪山"第四纪"冰川的确认，改变了过去的观点。因为，碧罗雪山"第四纪"冰川所处的纬度，比江西庐山"第四纪"冰川所处的纬度低了将近4度，说明第四纪冰川到达过的地方，比在此之前人们已经认为的更接近赤道。而"第四纪"冰川活动范围的确认，在地理学、气候学、地史学、地磁学、地质学、人类学以至于动物学等方面都具有重大的科学意义。所以，碧罗雪山"第四纪"冰川的确认，很值得引起关注。

末期，因青藏高原隆起形成的不同地理单元以及季节性气候的变化，导致生物群快速地进化和更迭，云南成了中国乃至东亚地区探索早期人类起源的理想地区之一。特别是以昭通褐煤盆地为代表的云南众多山间盆地，具有巨大的发现和研究潜力。

果然，又一个惊人的发现出现在昭通：2009年11月4日，云南省文物考古研究所组织的科考队在云南昭通市水塘坝砖厂的采煤坑进行第三纪古哺乳动物化石调查和抢救性采掘时，发现一具古猿头骨，经中美多学科专家数年的艰苦努力，研究成果于2013年8月在《科学通报》（英文版）发表。经古地磁年代测定，这具昭通古猿的年代为距今620至610万年间的晚中新世末期，是云南古猿中时代最年轻的代表，也是欧亚大陆其他地区古猿都已绝灭以后残存的代表。他生活的时期比非洲肯尼亚的"南方古猿"早了340多万年。所以说，地球人可能都是云南人！

云南这座地质博物馆，不仅是我们可爱的家乡，还是人类发祥起源最早的家园。

29 感恩自然　感恩历史

Being Grateful to Nature and to History

北极，随着地球的自转，浮冰裂开，北冰洋的海水涌出了冰层。

"全新世"到现在的1万年，也许是地球面貌变化最大的阶段。

　　1万年，曾经覆盖了北半球将近一半地区的、地球最近一次冰期的冰雪大部分融化，使北极海、加拿大、俄罗斯北部、冰岛，从这次冰期的茫茫冰原里挣扎出来；只有格陵兰岛还一直被近3千米厚的冰盖覆盖。

　　🔺 阿尔及利亚南部的撒哈拉大沙漠，地下水位很高，不仅高大的植物能够生长，地下水渗出地表，还能成为短暂的季节湖；其实，沙漠下面的撒哈拉大盆地，是地球表面最大的淡水湖。

1万年，曾经郁郁葱葱、草水丰美的撒哈拉变成了沙漠。

1万年，珠穆朗玛峰升高了将近30米。

1万年，猛犸象、披着长毛的犀牛，以及很多大型哺乳动物消失。

1万年，"人"类经过了石器时代、铜器时代、铁器时代，进化到了电子时代。

地球的发展历史说明，世间的万事万物都是有发展规律的，而且是互相联系的。"人"虽然是万物之灵，但并不是无所不知、无所不能。我们脚下的土地，还有太多的秘密等待着我们去揭开。相较于46亿年历史的地球，"人"实在是太渺小、太幼稚，进化的时间太短暂。哪怕是在科技高度发达

珠穆朗玛峰还在继续往上抬升，每年的速度大约是0.3厘米。

的今天，"人"对自然、对地球、对宇宙，以至于对"人"自己，已经了解和掌握的，还仅仅是冰山的一角。还有太多的未知在等待着我们去发现，也一定会有更多的已知在等待着我们经过实践去修正。因为"人"类的文明史，从纪元算起，也只有短短的2000多年，仅仅是"全新世"阶段的五分之一，相当于"新生代"时间的32500分之一。我们有什么理由满足呢?

⬆ 风化改变了地貌，更新世以来，西藏阿里地区札达县的沉积盖层成了土林。

"人"不仅应该感恩自然、感恩历史，"人"还应该常常反省自己！

　　化石记录，是帮助我们了解地球过去的最主要依据。有科学家提出，到目前为止，人们从化石中发现的物种，大约是200万种。这个看起来好像很庞大的数字，其实只是整个生物系统中很小的一部分。有科学家统计，自"寒武纪"生命全面进化以来，地球上出现过的物种，平均种类有1000万种；每个物种的进化周期大约是1000万年。这就是说，在过去5亿年的时间里，1000万个物种更替了50次。如果完全形成化石，就会有5亿种之多。但是现在我

　　◆ 海拔6000多米的珠峰南坡，冰川上的积冰融化了，露出了新生代始新世的河床。

们知道的、从化石中发掘出来的物种仅有200万种，即占5亿年里可能出现过的物种的0.04%。所以"人"所了解的地球，远不是他真相的全部。

"全新世"1万年以来，"人"的活动成为地球的主要事件。"人"的进化速度和繁殖规模超过了地球以往的任何生物，仅仅500年，"人"就把自己的栖息地扩大到了全球的每个大陆、海岛甚至极地。1万年前，进化中的"人"，在全球大约有100万，2000年前的纪元元年时是2亿，200年前有10亿，50年前是30亿，1975年达到了40亿，1987年上升到50亿，仅仅12年后，1999

 人类的活动，已经遍布了地球的每个角落，这片冰塔林的海拔是6400米，一场8.1级大地震，冰塔林消失了。这事就发生在2015年4月25日。

年，世界人口达到了60亿；又是一个12年后的2011年10月31日，第70亿名地球人诞生。

与此同时，2000年来，地球的绿地消失了70%，湿地减少了80%，冰川减少了60%；一百年以来，海平面上升了20厘米。1900年以前，每4年有一种生物灭绝，1900年以后，每年有一种生物灭绝。现在，每年有4万种以上的生物从地球上消失。

增长和消失，是完全关联的。

谷歌地图上现在的云南，绿色已经不到30%，大片的红土地、成串的泥石流、光秃秃的石头山、浑浊的河流、干涸的湖泊、裸露的矿山，像一块块疮疤，丑陋地散布在曾经美丽的土地上。而这一切的发生，仅仅只

◎ 大规模的开采，完全改变了地貌，优质的无烟煤被运走，低品位的煤、浮土和煤矸石被推成新的山。

🔺 亚利桑那温斯洛的迪亚博罗峡谷，5万年前，一个直径大约为20米的陨石砸向地球，巨大的陨石坑直径1.6千米，深入地表200多米，这是地球上保留最完全的陨石坑。

有50多年。

　　"全新世"已经过去了1万年，以后还会发生什么？地球在明天，肯定还会成长。但是，"人"会怎样？云南又会怎样？

　　我们脚下的土地，已经有46亿年的历史了。我们已经知道，在地球的生命演化史上，泥盆纪时期就曾经发生过生物灭绝事件。泥盆纪之后，又发生了3次大规模的地球生物灭绝事件，第一次发生在距今约4.38亿年的"二叠纪"末期，是历史上最大、最严重的一次，这次事件使当时96%的物种灭绝，包括了95%的海洋生物和75%的陆地脊椎动物；第二次发生在距今3.54亿年的"三叠纪"后期，大部分海洋生物消失，80%的爬行动物灭绝；第三次发生在距今6500万年前的"白垩纪"晚期，活跃在地球上长达1.6亿年的恐龙突然灭绝，一半以上的动物和陆生植物也消失了。这是大家都比较熟悉的一次生物灭绝事件。

会不会有第四次大规模的地球生物灭绝事件呢？如果有，自高自大又不尊重别的生命的"人"，肯定难逃灭顶之灾！

因为，人类只是自然的一员，并不是地球的主宰。

◆ 科学家们准确地绘出了亚利桑那陨石撞击事件的效果图。

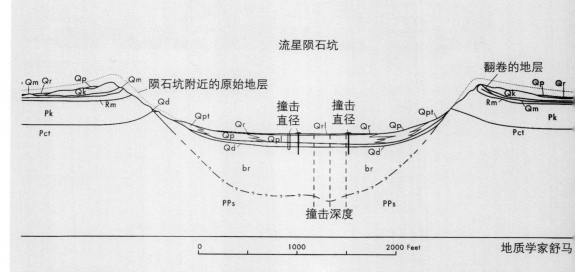

Qr：最近的冲积层
Qrl：新的洼地
Qp：更新世的冲积层
Qpl：更新世的湖盆
Qpt：更新世的盖层

Qd：小行星撞击后的碎片和原来地层中的岩石冲击，成为熔石英、混合成的碎屑
Qct：碎屑堆积的地层
Qk：冲击后的碎屑、石灰岩
Qm：原有地层的碎屑
br：角砾岩被撞击后的碎屑堆积

Rm：石灰岩盖层（三叠纪）
Pk：致密石灰岩（二叠纪）
Pct：碳酸和泥质堆积（二叠纪）
PPs：宾夕法尼亚的致密石灰岩基底

云南印象 · 2014.元.18

Thanks

鸣 谢

　　本书的出版得到了以下单位的支持，在此表示衷心的感谢！

新明天集团

云南行知探索文化旅游产业有限公司

云南方圆矿产资源再生综合利用研究院

云南省地质学会

云南帅源集团投资开发有限公司

樊登读书会云南分会

云南旅游职业学院